ファーブル昆虫記 誰も知らなかった楽しみ方

海野和男◉伊地知英信

草思社

ファーブル昆虫記　誰も知らなかった楽しみ方

もくじ

コラム

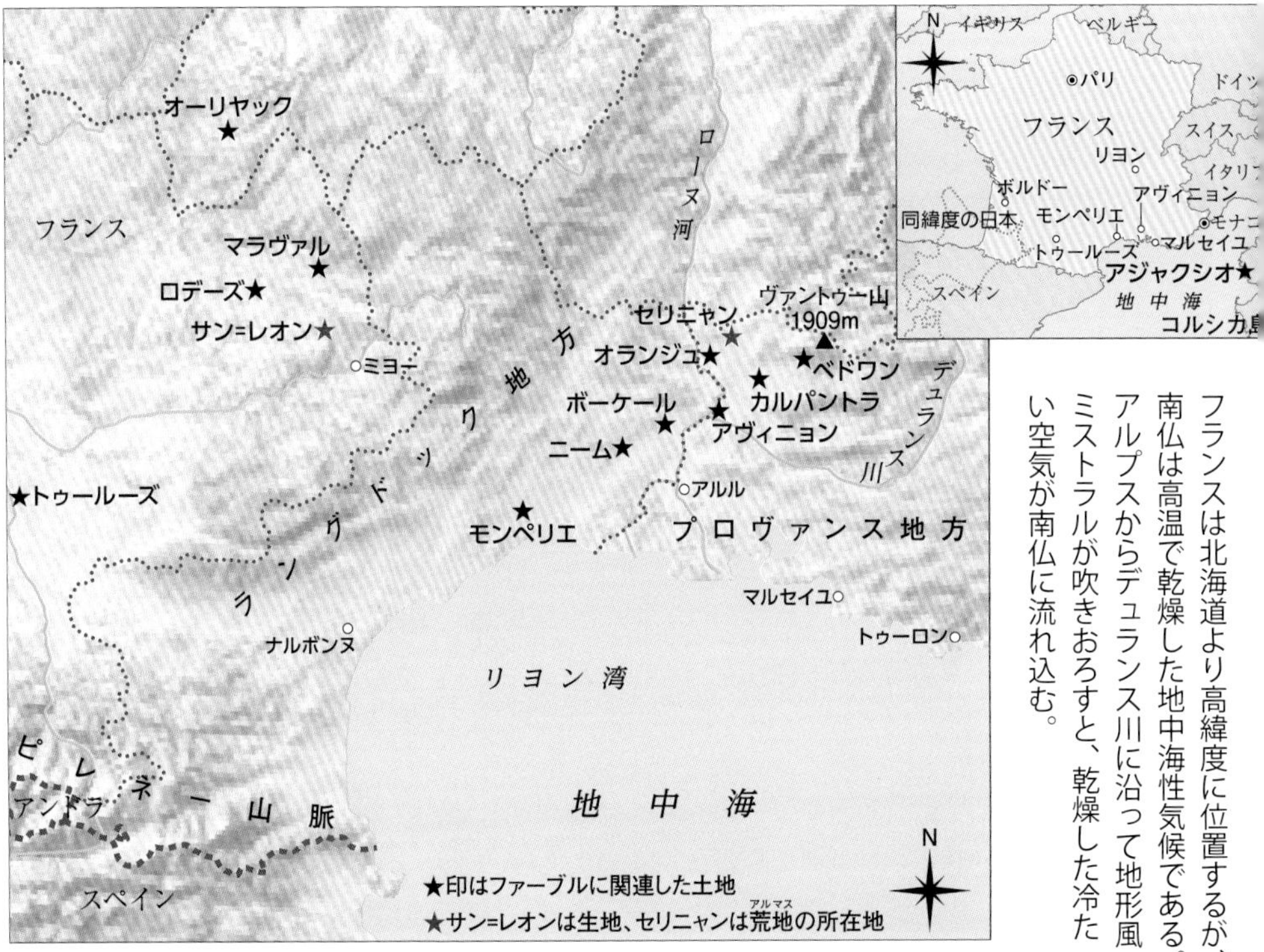

フランスは北海道より高緯度に位置するが、南仏は高温で乾燥した地中海性気候である。アルプスからデュランス川に沿って地形風ミストラルが吹きおろすと、乾燥した冷たい空気が南仏に流れ込む。

はじめに　どことなく気品を感じたフランスの虫

海野和男

事のなりゆきはこんな具合だった。一九八四年頃の春のことだ。

受話器をとると、奥本大三郎さんの「フランスへ虫を見に行きませんか」という、はずんだ声が聞こえてきた。聞けば、ファーブルゆかりの地を訪ねて、おまけにフランスの虫を見てこようと言うのだ。それは結構な話ではないかとは言ってはみたものの、七月から八月にかけては日本の虫のシーズンである。虫の写真で飯を食っているぼくとしては、この季節、日本にいないのはちとこたえる。それでも考えてみれば、フランスだって北半球にあるのだから、この季節に行かなければ会えない虫も多い。

「おいしいワインとフランス料理が毎日食べられるよ」「同じ部屋に泊まれば、宿賃だってもつよ」とたたみこまれては行かないわけにはいかない。かくして、二人合わせてやっと一人前の迷コンビの誕生である。

▼タマオシコガネ（スカラベ）のけんか。

▲湿ったコケから水を飲むフタモンアシナガバチ。

フランス語はからっきしだめだが、車の運転と土地勘に関してはまかしておいてと言うぼくと、フランス語はもちろん、フランスの文学や昆虫について、並ぶ者のないほど博識ではあるが、足がちと不自由な奥本さんである。こうしてぼくが運転手、奥本さんが通訳ということで、二人はレンタカーを借りてパリを出発した。目指すはファーブルがその晩年を昆虫の研究に没頭したセリニャンのファーブル博物館である。

パリ市内の混雑を抜けて、一路高速道路を南下する。おなかがすいたので、サービスエリアのレストランに入ったら、驚いたことにちゃんとワインがおいてある。飲んで、腹いっぱいになれば眠くなるので、運転は危険である。そこでパーキングに車を止めてサービスエリアの外に出てみる。すぐ裏の畑の脇の林に入ると、ヨーロッパコムラサキの紫色の幻光がまぶしい。野ばらにいろんな蜂がいる。初めて見るフランスの虫は新鮮な印象だ。ともかく蝶も蜂も甲虫もとても美しく感じる。しかもフランスに虫なんかいるのかな、と危惧していたのが嘘のようにたくさんいる。

日本にもいるヤマキチョウだったり、フタモンアシナガバチだったりしても、どことなく気品があるような気がする。

「風土が違えば、虫も違うねえ」と奥本さんは言うけれど、まったくその通りだと思った。フランスの服の色のように、洒落《しゃれ》た配色をした昆虫が多いのである。

こんなふうにして、ファーブルの生まれたサン゠レオン村、長いこと学校の先生をやったアヴィニョン、蜂の研究でしばしば登場するカルパントラ、そしてセリニャンの博物館を回り、ついでにアルプスやスペインにまで足をのばして、毎日毎日、虫とファーブルと美味しいワインにあけくれて、あっという間に1か月

▲フランスの銘蝶《めいちょう》アポロチョウ。

がたった。

それから10年ほどは、ファーブルを訪ねる旅に何度も出かけた。ファーブルゆかりの土地を訪ねるにつれて、ファーブルの人となりに関心が移り、あんな生活をしてみたいなとあこがれるようになった。

しばらくブランクがあったが、今世紀になって、集英社から『ファーブル昆虫記』の完訳版が出ることになり、足りない写真を撮りに奥本さんに同行して、何度かファーブルゆかりの地を訪ねた。その時、いっしょに行ったのが、今回の本の共著者である伊地知英信さんだ。伊地知さんは完訳の手伝いや編集にも携わったので、ファーブルにはすごく詳しい。

そこで、今回の本は文を伊地知さんに任せることにした。膨大な写真を見直して、写真選びをしてもらったら、自分で選ぶよりずいぶんと綺麗《きれい》な本にできたと思う。

もともとぼくにとってファーブルは、奥本さんの手伝いのつもりだったが、読者をファーブルの旅に誘う本を自分なりにまとめてみたいなと前から思っていた。それが実現することになったのは、とても嬉《うれ》しいことである。

ファーブルの故郷

南仏のヒマワリ畑。

ファーブルの生地サン=レオン。

サン=レオンの生家の跡に建つファーブル像。

コートで影を作りマツノギョウレツケムシを観察している姿（サン=レオン）。

少年ファーブルが登り降りした生家裏の階段（サン=レオン）。

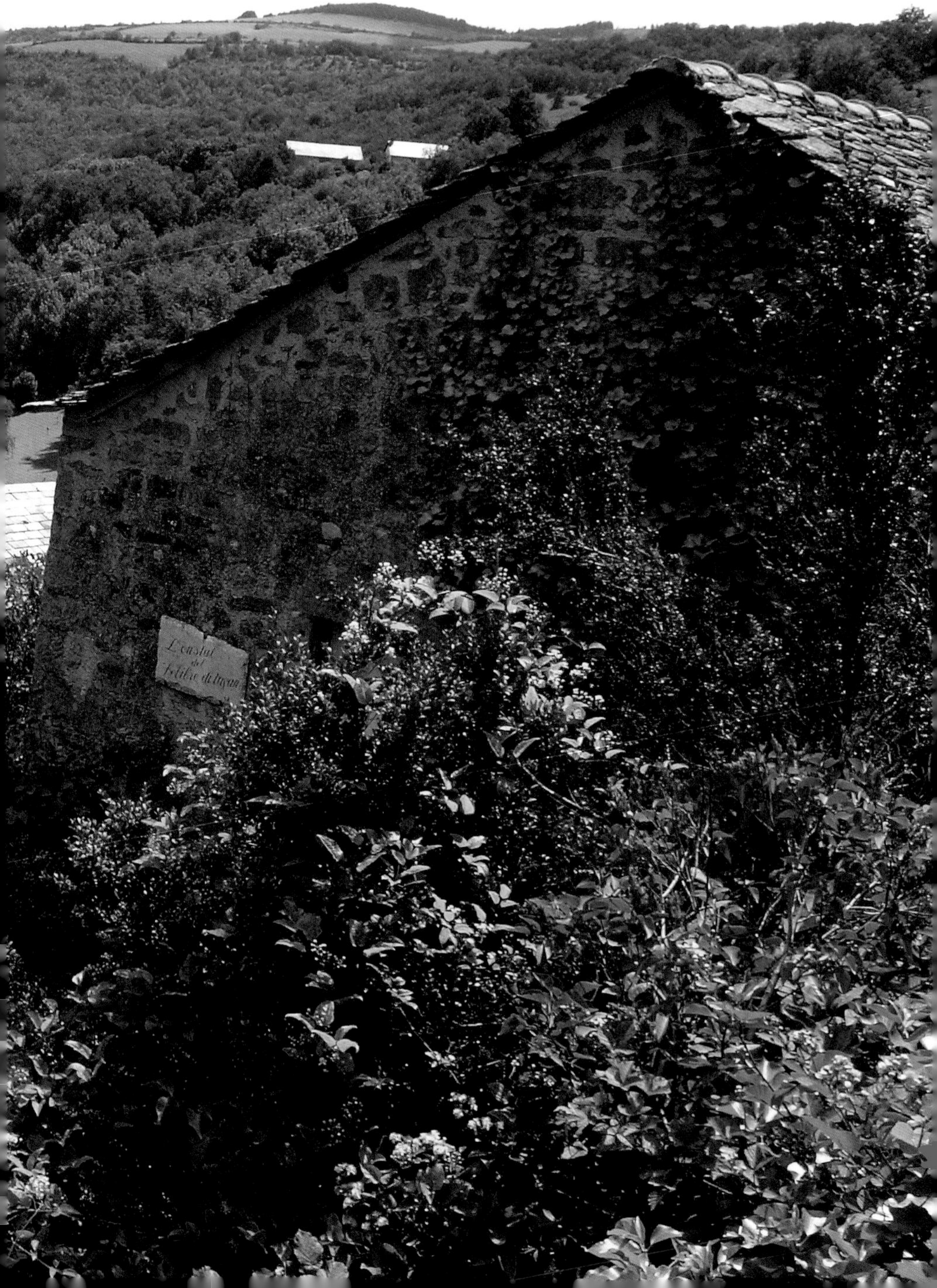

ファーブル像の右が「虫の詩人の館」。遠景にはルマソンネスクの丘が広がる（サン=レオン）。

「虫の詩人の館」の内部よりファーブル像をのぞむ（サン=レオン）。

第1章

『昆虫記』ってどんな本？

ファーブルって誰？

◉その名も『ファーブル昆虫記』

ファーブル（ジャン＝アンリ・カジミール・ファーブル）は『昆虫記』全10巻を書いたフランスの昆虫学者だ。書名に著者名があるため、ファーブルと言えば『昆虫記』だと日本ではよく知られている。すでに大正時代には翻訳されており多くの人に読みつがれてきた。

ファーブルの生まれは一八二三年（文政六年）で、勝海舟と同年になる。全10巻が翻訳された完訳『昆虫記』は、日本に3シリーズある。しかしファーブルが有名なのは『昆虫記』の一部を翻案した子供向けの本が多いためだろう。そのため『昆虫記』は子供向けの本だと「誤解」されていることが多い。しかし実際には大人でないと読みこなせない内容で、また大人の読書として手応えある重厚な内容だ。書名『ファーブル昆虫記』は有名だが、完訳を本当に読んだことのある人はごく少数だろう。これはなんとも勿体《もったい》ないことだ。

◉南仏の人ファーブル

日本人はフランスといえばパリの都《みやこ》が思いうかび、全土で共通のフランス語が話されているものと思いがちだ。ファーブルが生まれた南仏アヴェロン県では、日常会話はプロヴァンス語だ。フランス語では「はい」は「ウイ」だが、プロヴァンス語では「オック」となる。そのためプロヴァンス語はオック語族に分類される別の言語とされる。南仏人にとって日常語はプロヴァンス語で、フランス語は学校で「習う」言葉だった。当時は一生フランス語を話せない南仏人も多かったという。

南仏のインテリには、南仏の誇りとパリへの敵愾心《てきがいしん》をもつ人も多く、後にプロヴァンス語の伝統を守る南仏文藝復興《フェリブリージュ》運動も盛んになる。ファーブルとも親交があったノーベル文学賞詩人フレデリック・ミストラルもこの運動で活躍した人である。ファーブルが生涯被り続けた帽子も、また南仏人の誇りなのだ。

晩年のファーブル（撮影は息子のポール）。

◉独学の人ファーブル

ファーブルは最初から昆虫学者だったわけではない。19歳で小学校の教員になり、その後、中等学校の教師として45歳で教育界を離れるまで物理や数学の先生だった。また、教師をしながら実用科学の啓蒙書《けいもうしょ》を書く作家でもあった。当時のフランスは教育制度が未発達な時代で啓蒙書がよく売れた。ファーブルは教師をしながら科学啓蒙書、論文を書き、詩を書き、音楽を作曲した。それが後年『昆虫記』という大著に結実する。

ファーブルは19歳で師範学校を卒業し、教員をしながら家族を養い、貧困と戦いながら独学で数学、物理学、博物学の学士号（博物学は後に博士号）の資格を得ながら、大学教授になることを夢見て論文を書いた。しかし家に財産がなければ、優れた論文を書いても大学教授にはなれないと視学官（教育行政の職員）に言われて失望し、その後、中等学校の先生を続けた。

学校では化学の授業なら、器具を工夫して作り、生徒たちに実験を実演して見せた。数学なら幾何の応用で実際に測量をした。先生同士の人付き合いは悪いファーブル先生だったが、生徒の人気は高かった。

石鹸《せっけん》、革なめし、鋳物、洗濯や料理まで、すべてを科学としてとらえ、その仕組みを授業で説明した。石鹸は何からどうやって作られるのか。なぜ汚れが落ちるのか。塩とは何か。食べ物を塩漬けするとどのような効果があるのか。農民の子には、植物が栄養を何から得て、どうやって育つのか。肥料とは何か、などを教えた。この内容は彼の科学啓蒙書でも活かされた。

◉物理・数学から博物学の世界へ

物理学教師としてコルシカ島に赴任していたとき、ファーブルは二人の博物学者に出会う。そして生物には名前（学名）があり、それが系統的に整理されていることを知る。野山を歩きながら個人教授のように植物の名を教わり、標本の作り方を学んだ。フランスの内陸で過ごしていたファーブルはコルシカの海に感激し、浜辺で貝殻を集めていた。

ある日、生きたカタツムリを解剖して見せた博物学者は「貝殻を集めるよりも生きた生物を研究しなさい」と言い、物理や数学よりも博物学のほうが面白い、「あなたにはその才能がありそうです」と助言する。ファーブルの学問が大きく転換した瞬間だった。

晩年のファーブルの写真に自筆サイン（撮影は息子のポール）。

『昆虫記』のなりたち

◉大昆虫学者の研究に疑問を投げかける

ある冬の夜、家族が寝静まった暖炉の前でファーブルは一冊の科学論文集を読んでいた。幼虫の食物として、タマムシを巣に蓄える狩《か》りバチの研究が掲載されていた。ファーブルは生きた昆虫の「行動」が研究されていることに驚く。自分でもさっそく狩りバチの観察を始めてみると、夢中になって読んだ論文に疑問が生じてくる。その疑問を掘り下げた論文を書き、投稿してみた。するとこれが大きな賞を受けた。さらに元の論文を書いた大先輩からは、間違いを指摘し研究をさらに先へ進めてくれたことを感謝する手紙をもらう。

ファーブルにとって天にも昇るような感激だった。しかしいっぽうで、家の経済を支えていた科学啓蒙書《けいもうしょ》の売れ行きが、類似本の出現のため鈍くなってきた。また、成人教育の一貫として開かれていた公開講座で、ファーブルは若い婦人の前で植物の受精について講義をしたことを咎《とが》められ、講座は閉鎖。教員も免職。借家も追い出されるという窮状に追い詰められることになる。

共和制下にあったフランス文部科学省は教育を教会から切り離そうとし、教会は婦人への教育は自分たちがふさわしいと主張。攻防を繰り広げていた。ファーブルはこのような暗闘のとばっちりを受けてしまった。

ファーブルは教育の現場を離れると筆一本で家族を養わざるを得なくなってしまった。『昆虫記』第1巻を出す以前ファーブルは38冊の啓蒙書を書いていた。最終的には『昆虫記』全10巻を除き60冊以上の啓蒙書を著した。死後にはプロヴァンス語の詩集も出た。『昆虫記』を書き始めたのは51歳くらいからで、55歳に第1巻の原稿が完成（出版は翌年）、その後、筆一本で84歳（『昆虫記』第10巻）まで自然観察を記録する文筆家《ネイチャーライティング》として過ごす。ファーブルは91歳という長寿を得て、2回の結婚をし、いわば人生を2回生きた人だった。

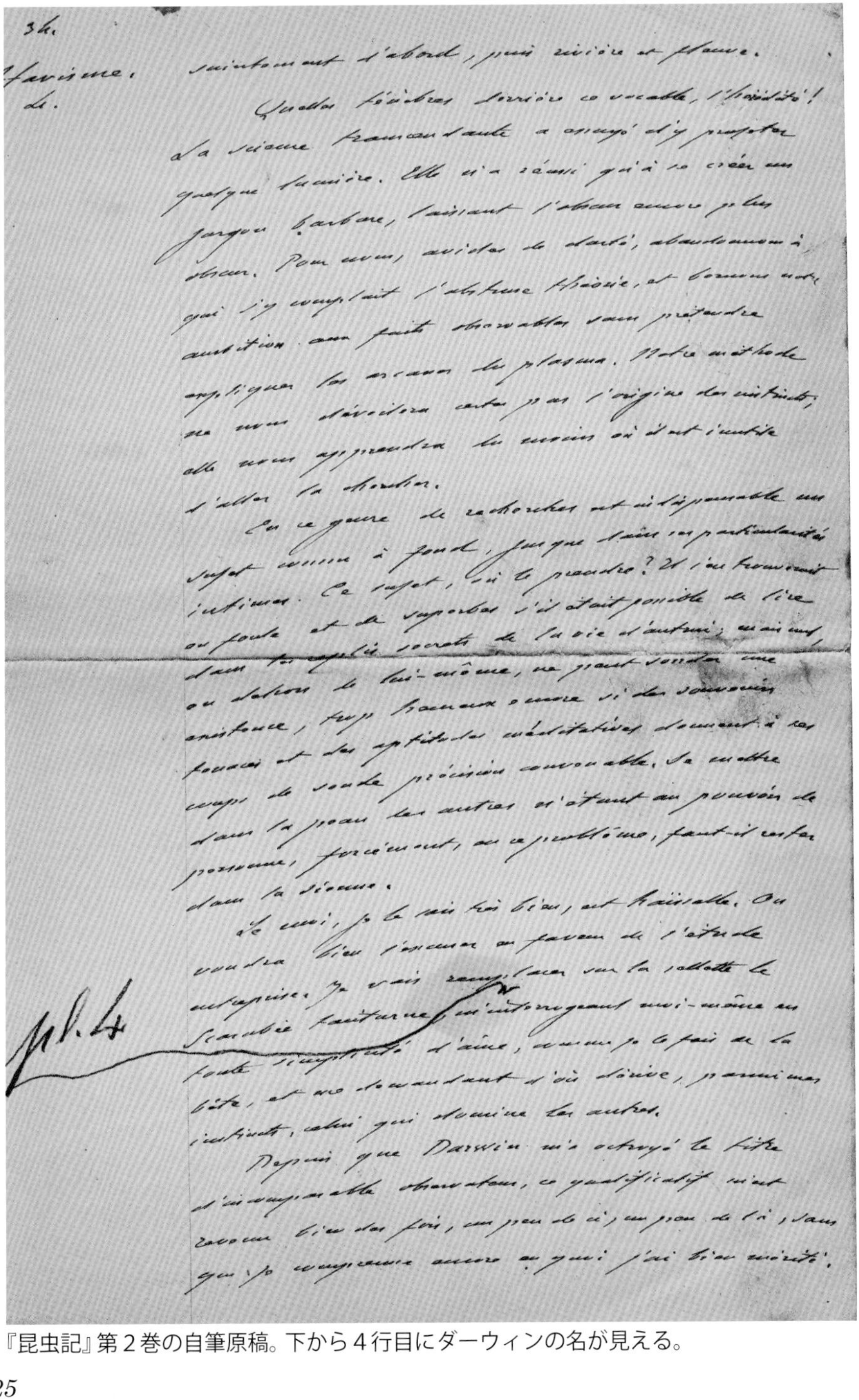
suintement d'abord, puis rivière et fleuve.

Quelles ténèbres derrière ce vocable, l'hérédité!

Depuis que Darwin m'a octroyé le titre d'incomparable observateur, ce qualificatif m'est revenu bien des fois, un peu de ci, un peu de là, sans que je connaisse encore en quoi j'ai bien mérité.

『昆虫記』第2巻の自筆原稿。下から4行目にダーウィンの名が見える。

◉『昆虫記』が紡《つむ》がれた荒地《アルマス》

ファーブルが55歳から84歳まで30年近く書き継いだ『昆虫記』は、全10巻２２１章からなる大著である。内容は、けっして珍しい虫のことを書いているわけではない。どこにでもいる、ごく身近な虫の生活を書いている。ただし、とても深く掘り下げて……。

ファーブルは広い庭のある自宅を高い塀で囲み、虫を観察した。それには理由がある。かつて道端でハチを観察しているとき、通りがかった女性に「おかわいそうに」と十字を切られたことがあったのだ。当時（そして、おそらく今も……）道端で虫を観察している人は、少し変わった人なのだろう。

ファーブルは科学啓蒙書で稼いだ財産で自宅兼研究所を買い求め、ここをプロヴァンス語で「荒地」という意味のアルマスと名付けた。荒地《アルマス》は、ファーブルと『昆虫記』にとって、「約束の地」となったのである。

◉「それでは虫に聞いてみよう」

『昆虫記』は虫の研究といっても論文ではない。ファーブルが虫の暮らしで疑問に思ったことを「それでは虫に聞いてみよう」という合言葉で、観察と実験を繰り返して、その答えを導き出す過程が書かれている。その章の終わりで結論が出ることもあるし、数章にわたって論じられることもある。有名なタマオシコガネ（スカラベ）の話などは、第1巻で始まり20年後の第5巻で解決した。もちろんわからないままのこともある。それを第三者の視点でファーブルが書きとめている。答えがあっていようと、間違っていようと、考え調べていく「方法」が書かれているので、その意味でも実に科学的なのである。論文のように追試ができるし、どこで間違ったかもわかる。『昆虫記』が古びない理由はここにもある。１５０年以上も前の話に、間違っていると言うことは簡単だ。しかし生物の行動を調べようとする「方法」の工夫は、今もなお新しい。

ファーブルの時代は標本を使った分類学が主流で、生きた虫の行動を調べることは、「新しい学問」だった。合言葉は「それでは虫に聞いてみよう」である。

◉『昆虫記』という書名

第1巻は一八七九年、パリのドラグラーヴ社から刊行された。原題はSOUVENIRS《スーヴニール》 ENTOMOLOGIQUES《アントモロジック》。

▲100年前のファーブルの住居兼研究所の荒地《アルマス》。　▼現代の荒地《アルマス》。

直訳すると「昆虫学的回想」というもので一般のフランス人には理解しにくい題だそうだ。副題はEtudes《エチュード》 sur《シュール》 l'instinct《ランスタン》 et《エ》 les《レ》 mœurs《メール》 des《デ》 insectes《ザンセクト》で「昆虫の本能と習性に関する研究」と、こちらも一般の人には難しい本能、習性の言葉が並ぶ。おまけにファーブルの生前に出ていた本（旧版）には絵も写真も入っていない。虫を知らない人（つまり一般読者）には何の本か想像もつかなかったはずだ。しかし完璧主義のファーブルは、いいかげんな図を入れたくなかったのだ。

ちなみに『昆虫記』という書名は、日本で最初に翻訳した思想家で作家の大杉榮による命名である。「記」は支那の『礼記』、日本の『古事記』などと同じ「記述」という意味だ。短くも内容の伝わる名訳だ。その後、シートンの翻訳本に『動物記』とつけられたのも、大杉の名訳『昆虫記』の影響であろう。

◉『昆虫記』の見取り図

『昆虫記』の原書には、ファーブルの生前に出た絵も写真も入っていない版（旧版）10巻と、ファーブルの死後に出た写真と標本画、そしてファーブルの評伝が入った（決定版あるいは新版）11巻がある。

『昆虫記』の出版年（旧版）

第1巻	一八七九年	56歳	
第2巻	一八八二年	59歳	新昆虫記
第3巻	一八八六年	63歳	
第4巻	一八九一年	68歳	
第5巻	一八九七年	74歳	新しい始まり
第6巻	一九〇〇年	77歳	
第7巻	一九〇一年	78歳	
第8巻	一九〇三年	80歳	
第9巻	一九〇五年	82歳	
第10巻	一九〇七年	84歳	

（決定版の「序」では本人は一九一〇年と記述）

決定版の序でファーブルは「私は『昆虫記』の決定版を公にする決心をしなければならない。齢《とし》をとって力が衰え、仕事をする手段を奪われてしまった」と書き、さらに旧版でかたくなに入れることを拒んでいた図版についても「旧版について非難された欠陥を改める」として研究対象である昆虫の大部分と情景を写した息子ポールの写真２００枚以上を加えている。

▲100年前のファーブルの住居兼研究所の荒地《アルマス》。 ▼現代の荒地《アルマス》。

「序」は一九〇七年に書かれた文章なので、ポールの写真の準備は整っていたということだろう。つまり親子で虫の撮影をしていたということだ。第11巻のために準備されていた草稿「ツチボタル」「キャベツのアオムシ」も第10巻に付録として収録された。

写真を撮った息子ポール＝アンリ・ファーブルは、一八八八年生まれ（一九六七年没）なので当時は20歳前後ということになる。決定版はファーブルの死後の一九二〇年から一九二四年にかけて刊行された。ちなみに大杉榮は、旧版10巻（一八七九年〜一九〇七年）と、英訳版（一九一二年〜二二年刊行）で『昆虫記』に親しみ、関東大震災のどさくさで虐殺されるまでに、ぎりぎり決定版の第一巻を翻訳したことになる。

●『昆虫記』の理解者

フランスの医師・政治家のルグロ（一八六一〜一九四〇）は、著作でしか知らなかったファーブルを一九〇七年の夏に荒地《アルマス》に訪ねた。ファーブルとルグロはすぐに打ち解け、以後深い友情で結ばれる。ルグロはパリ盆地の南部ロワール＝エ＝シェールに住んでいたため頻繁には会えなかったが、一九〇七年以降ファーブルが亡くなるまで八月とクリスマスには荒地《アルマス》を訪れている。

ルグロはファーブルの評伝を書くことを決め、またファーブルもそれに応え、詩や未定稿や手紙などを託している。ルグロはファーブルの功績を世界に広めようと『昆虫記』50周年（ファーブルの日）を開催するなど奔走する。ファーブルにノーベル賞をという運動も起こったが、その直前、本人の死去により幻となった。ファーブルの死後は国会議員の立場でファーブルの自宅兼研究所である荒地《アルマス》の保存に力を尽くし、一九二一年にはパリ国立自然史博物館の管轄になった。自分の一人息子にもジャン＝アンリと名付けている。

●『昆虫記』を楽しむ

いきなり『昆虫記』全部を読破しようとすると苦しい思いをする。全体を知り、興味をもったところから読んでいき、最終的に全章を読了する、という読書法がおすすめだ。理由は、1章で完結している話、関連した話題が2〜5章と続く場合などがあるからだ。本書第4章には全２２１章の「あらすじ」を掲載したので読書の道案内にしてほしい。

▲息子ポールとファーブル。 ▼弟子のルグロ（中央）と彫刻家シャルパ（右）。

『昆虫記』が書かれた時代

◉第1章

◉多くの人は虫に関心がない

当時の西洋の常識では、虫は汚いところから湧いて出てくるといわれていた。これは「自然発生説」と呼ばれるもので、ハエなどの小さな虫はゴミから自然に湧いてくるものだという考えだ。ものを発酵させたり、腐らせたりする微生物の存在が、ようやく科学者のあいだで明らかになってきた時代のことだ。ごく普通に虫は人に害なすものと捉えられており、神が世界を創り、悪魔が虫を創ったと考えられていた。

現在、地球の歴史は放射性物質の測定から約46億年ということがわかっている。しかし当時の世界観では聖書の記述から、その歴史は約６０００年とされていた。また当時のフランスは政治的には、帝政と共和制がいったりきたりをし、一七六〇年代にイギリスで始まった産業革命は、一八四〇年代にはフランスにも伝わり人々の暮らしに変革がもたらされつつあった。農村から都会へ人が流れ出て、機械により職を奪われた人たちも都市にあふれていた。仕事にあぶれた人は低賃金と過酷な労働に従事するしかなかった。また教育や学問については、啓蒙《けいもう》時代《じだい》と呼ばれるように、国家や教会が保証していた常識から人々が解放され、理性による教育が一般に広がりつつあった。ファーブルが生まれ育ったのは、ざっとこのような時代である。先行する昆虫学者はいたものの、一般の人には、虫などに興味をもつ人はいなかった。

◉科学の黎明《れいめい》と博物学

そもそも西洋における自然科学の起こりは、ギリシアの知識を高め、体系化したアリストテレスがはじまりとされている。その後の自然理解は、自然は神が創ったもので、すべて旧約聖書に記述されているという考え方だった。12世紀にヨーロッパ各地に設立された大学には神学部が併設され、大学教育と教会は密接

▲ハキリバチ。　▼アドニスヒメシジミ。

な関係を築いていた。科学とは、神が創り出した偉大な自然を記述すること、という考え方なのだ。その自然理解は聖書と違ってはいけない。15世紀の大航海時代になると西洋人によって地球上の「地理」が発見されていく。さらに、世界中の生物や鉱物などの標本も集まってくる。それらのリストが作られ、整理されることで博物学が発達していく。

16世紀になると王侯貴族の間で驚異の部屋《ウンダーカマー》と呼ばれる珍奇な標本を集めた小部屋が流行する。同時に異国の生きた珍しい動物を集めた動物小屋《メナジュリー》も流行する。近代の「動物園zoological garden」に先立つ施設で、ménagerie《メナジュリー》にはサーカスなど「見世物小屋」という意味もある。パリの国立自然史博物館の植物園は今でもMénagerie《メナジュリー》 Jardin《ジャルダン》 des《デ》 Plantes《プラント》を名乗る。神が創りたもうた珍奇な賜《たまもの》を集めることが流行っていたのだ。

もともとフランスはカトリシズム、つまり神が中心の国だった。コペルニクスやガリレオが主張した「地球のまわりを太陽が回っているのではなく、地球が太陽のまわりを回っているのだ」という、聖書に書かれていない事実は教会に大変な衝撃を与えた。

18世紀になるとフランスの知識人は国家や教会などの伝統的な権威がもつ世界観を批判し、人間の精神や社会を進歩させようという啓蒙思想《けいもうしそう》が発展する。哲学者のダランベールやディドロらによる『百科全書』などによって、社会への知識の普及は進められた。一般に科学的な発想が広まり、珍奇趣味から、学問としての博物学が育ち始める。

●分類学から進化論へ

17世紀、スウェーデンの博物学者リンネは、生物や鉱物などの自然物を属名《ぞくめい》と種名《しゅめい》という二つの名前の組み合わせで分類することを始めた。そのリスト『自然の体系10版』（一七五八）で分類学が始まったとされる。リンネは世界中の標本を比べて「神の几帳面《きちょうめん》さ」に感激する。しかしそのいっぽうで調べれば調べるほど生物は時間とともに変化しているような事実が出てくる。

18〜19世紀の解剖学者ジョン・ハンター、博物学者キュビエ、生物学者オーエンらは生物を解剖学的に見て、さらに化石を調べ始める。それまでは地中から発見される「化石」は、聖書に書かれたノアの洪水で溺《おぼ》れた人や方舟《はこぶね》に乗れなかった生き物の骨とされていた。

イギリスのチャールズ・ダーウィンは、学生時代の

▲バッタの若虫。背中に翅《はね》のもと（翅芽《しが》）が見える　▼セアカクロサシガメ。

恩師、植物学者のヘンズロー教授に世界の海を測量するビーグル号への乗船を誘われる。それまでは牧師か教師になるつもりだったダーウィンは、ビーグル号に唯一の博物学者として乗船することになった。そして海深の測量の合間に上陸しては博物学調査を行った。

当初2年の計画だったが一八三一年一二月〜三六年一〇月という5年の航海になる。ダーウィンはその3分の2の時間を陸地で過ごし、1500もの標本を集めた。この経験からダーウィンは、種《しゅ》は普遍ではなく、変化することに気づいた。これは聖書にある「種は神が創ったまま変化しない」とする記述と矛盾する。慎重なダーウィンは自分が生きているうちは持論の発表は控えようと考えていた。ところが同じように「種は変化する」という仮説を博物学者アルフレッド・ウォレスが発想していることを知り、生物の「進化」についての仮説を二人で発表をすることになったのである。

◉ダーウィンとファーブル

ダーウィンは『種の起原』第4版でファーブルについて「たぐい稀《まれ》な観察者」と紹介している。ちなみに『種の起原』は初版が出てから修正を重ねて第6版まで出版された。進化論とは、ひと言で言えば「種は変化する」という考えだ。それは「種の不変」というキリスト教的な「神が世界を創造した六日以来、種の数は不変」ということに対する反論であった。

進化論以前の博物学者(生物学者)は、分類の父といわれるスウェーデンのリンネも含めて神が創造した動植物をすべて分類・記載し、理解することで神の行《おこな》いに近づけると信じていた。その影響はイギリスに強く伝わり、リンネが集めた標本はすべて英国に売却され、一七八八年にはロンドン・リンネ学会が設立された。一八五八年七月一日、ダーウィンとウォレスが共同で進化論を発表したのもリンネ学会でのことであった。ここで「進化論」つまり「変化をともなった由来」、「種は変化する」という考えが示されたのである。

◉『種の起原』で紹介されたファーブル

ダーウィンはファーブルより14歳上でファーブルが36歳のときに『種の起原』(第1版)を出している。その第7章ではすでにファーブルのハチの研究にも触れている。そして『昆虫記』第2巻が出たときにダーウィンは没した。二人には文通を通じた交流があり、尊敬

▲巣材の泥をくわえて飛び立つヌリハナバチ。　▼ヌリハナバチの実験を行ったエイグ川。

しあっていた。しかし進化論についてはファーブルが頑として認めなかった。それは自ら観察していた昆虫の「行動の形成」が進化論では説明できない（だろう）という一点である。複雑で高度に洗練された（とみえる）行動は、揺るぎないほどに適応的だからである。あまりに「揺るぎ」なさすぎて、狩りや巣作りの手順が狂うと「愚かな本能」を発揮する点もファーブルが声高《こわだか》に進化論を攻撃する理由である。心ではダーウィンのことを尊敬しているが、自分の主張は曲げるわけにいかない。現代人の我々から見ると、ファーブルはただ一点を掘り下げ（それは凄《すご》いことだが）あまりに、視野が狭くなってしまい、駄々っ子が道に大の字にひっくり返って「進化論では説明できない！」と繰り返しているようにもみえる。進化論で説明しきれないことと、進化がなかったことは別の問題である。現在の読者であるファーブルファンなら『昆虫記』を読んでいると時々「アンリ落ち着け！」と叫びたくなる。

そして進化論とファーブルの考えが水と油のようで見逃されがちなのだが、ファーブル自身、本能（固定化された行動を司《つかさど》るプログラム）を補う能力として「識別力」なるものを考えだしている。本能は素晴らしい、しかし融通がきかない（時に自分の命を落とす愚かなこともする）と定義しておきながら、柔軟な部分も認め、それは本能を補う「識別力」なるものだと想定しているのである。ここは再注目の研究課題だ。

ファーブルは、第2巻7章で「本章と次章とは、書簡の形で、今はウエストミンスター寺院でニュートンと向きあって眠っている英国の著名な博物学者《ナチュラリスト》チャールズ・ダーウィンに捧げられることになっていた」と書いている。次章とは8章「わが家の猫の物語」だ。それがダーウィンの死によって適《かな》わなくなったことから、手紙でもなく論文でもなく、読者へ向けて自由な文体で書いていこうと述べていて、読者の涙をさそう。ダーウィンは第1巻21章を読み、ハチの帰巣本能について驚き、自分がハトでしようと考えていた実験をファーブルに提案していた。また猫を捨てるときは袋に入れてぐるぐる回してから捨てると家に戻ってこないという俗信をハチで検証している。ダーウィンとファーブルは大真面目でこのハチの実験を行っている。二人の天才が猫を捨てるときに袋に入れてぐるぐる回せば、家に戻ってこないということを真剣に語りあっていることが、とても微笑《ほほえ》ましい。

▲獲物のイモムシを運ぶジガバチ。　▼ファーブル宛てのダーウィンの手紙。

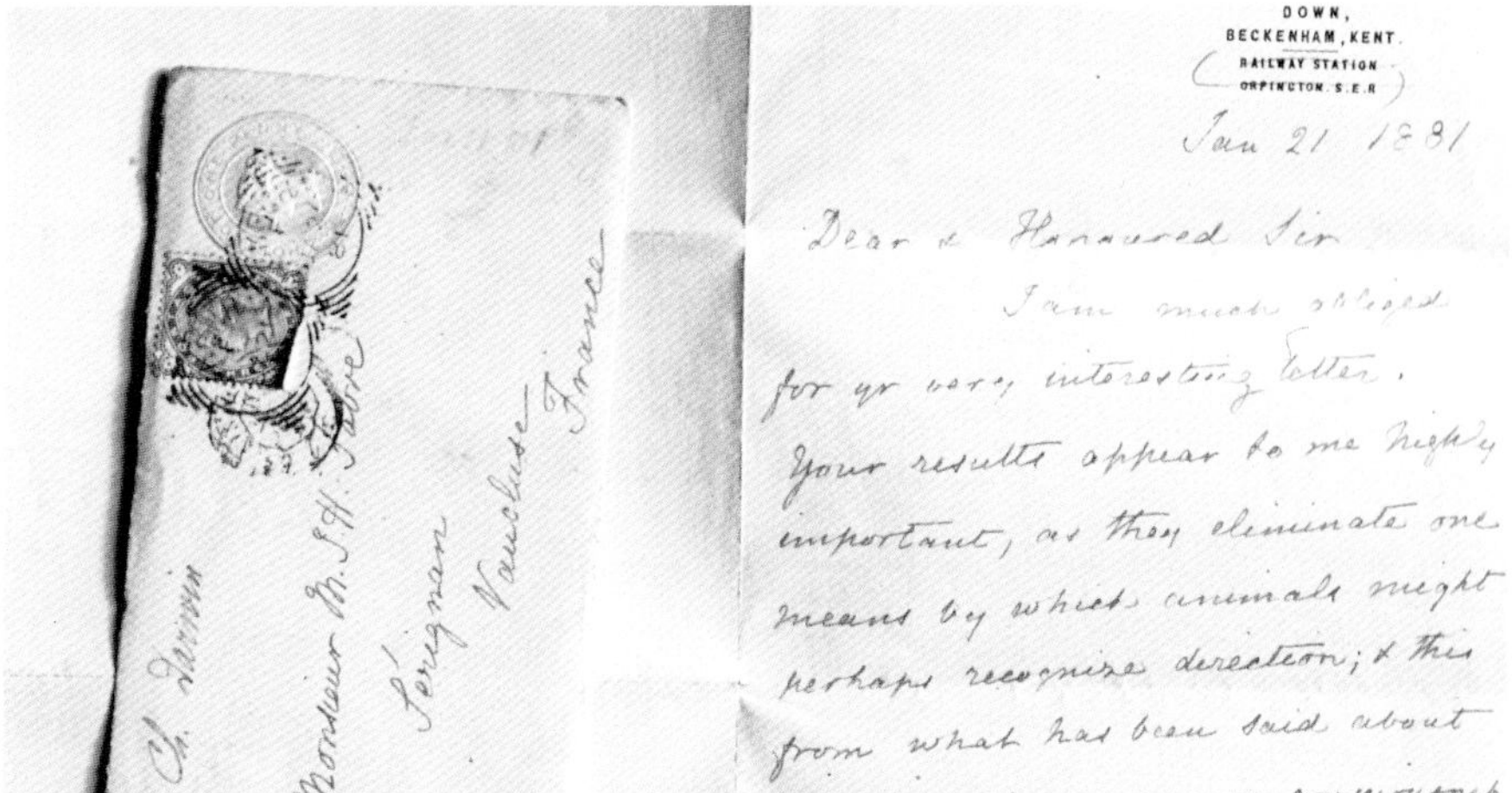

DOWN,
BECKENHAM, KENT.
RAILWAY STATION
ORPINGTON. S.E.R.

Jan 21 1881

Dear & Honoured Sir

I am much obliged for yr very interesting letter. Your results appear to me highly important, as they eliminate one means by which animals might perhaps recognize direction; & this from what has been said about savages, & from our own consciousness seemed the most probable means. If you think it worth while, you can of course mention my name in relation to this subject.

ポケットに入っている本が『昆虫記』なのがご愛嬌（ジャン・マレ作）。

第2章

ファーブルを訪ねて

◉第2章

故郷サン＝レオン

◉小さな山村

ファーブルの故郷は、フランス中央山塊《マシフサントラル》の中央にある南仏アヴェロン県サン＝レオンという小さな村だ。村は山の斜面にへばりつくように広がり、15世紀に建造された城館の下側にファーブルの生家がある。

5世紀頃、西ゴート族にボルドーから追われたアキタニア王族の貴族レオンティウスがこの山中に逃れて僧院を建てたと伝えられる。その名、聖《サン》レオンティウスがソン＝レオンとなまり、この地がサン＝レオンとなったという。もちろん伝説なので、レオンティウスという貴人は少しずつ時代がずれて複数の人がいるそうで、複数の貴人の説話が混ざり合っているとみるほうが良さそうだ。

村の標高は800メートル。寒冷な気候のため葡萄《ぶどう》はできない。燕麦《えんばく》や麦、ジャガイモなどが主食になっていた。羊と牛を飼い、その乳が出荷されてロックフォールで青かび《ブルー》チーズにされた。村は古くから巡礼の道の要衝《ようしょう》として知られ、かつては市が立つと近在から人々が集まり、賑《にぎ》わった。ファーブルの生まれた頃の人口は400人くらい。今はもっと少ない。

村のいちばん低いところをミュズ川が流れている。長じてファーブルは「素晴らしい大河（ローヌ河）も見た。はてしない大海（地中海）も見た。しかし私の思い出のなかでは、お前のささやかな流れに優《まさ》るものはない。お前の美しさは心に刻まれた貴い詩だ」と回想している。このミュズ川の水の存在が村の人々の生活を豊かなものにしている。

川の対岸にはルマソンネスクの丘が広がる。ファーブルは、この丘でハシグロヒタキの巣を見つける。そして青い卵に魅入られてこっそり持ち帰ると、助祭に見つかり「小鳥は野の喜びだよ、卵を採って母親を悲しませるようなことをしてはいけないよ」と諭される。これは少年ファーブルの心に深く刻まれた言葉だった。

▲生地サン=レオンに続く県道。　▼村の遠景。城の下に生家が見える。

村のいちばん低い所を流れるミュズ川。ファーブルの心の川。

◉小さな山村

ファーブルの父アントワーヌ・ファーブルは一七九九年八月六日生まれ、母ヴィクトワール・サルグは一八〇四年一二月三〇日生まれ。父23歳、母18歳のときに結婚し、一八二三年一二月二一日午後4時に長男のファーブルが誕生した（ルグロは伝記で22日と誤記している）。

サン＝レオンは、もともとはファーブルの母の実家であった。ファーブルの父アントワーヌは近隣のマラヴァルの農村の出だが農民になりきれず、嫁の実家に住み着いたのである。そして役場の下働きや郵便配達の手伝いのようなことをしていた。

ファーブル一家は、母が父親から譲り受けた2軒の家で暮らしていた。ファーブルが生まれた小さい家は今は壊れてなくなり、その場所にはファーブルの像が建っている。育ったほうの家には、L'oustal《ルスタル》 del《デル》 felibre《フェリーブル》 di《ディ》 tavan《タヴァン》とプロヴァンス語のルエルグ方言で「虫の詩人の館」と書かれた看板が掲げられ、小さな博物館になっている。ピエール・ガヴァルダ元村長の夫人で、長年小学校教員をしていたマリー・ガヴァルダさんが自分の年金を元にファーブルの家を守り、当時の生活道具、寝台、鍋釜、木の皿、皮手袋を作る道具、腰に差す木の水筒、家具などを集めて博物館にしたものだ。

壊れた家の跡に立っているファーブル像は、一九二四年八月三日に村の尽力で建立された。ミヨーの彫刻家ジャン・マレの作品で、マツノギョウレツケムシを虫眼鏡《ルーペ》で観察している姿だ。

◉祖父母の住むマラヴァルへ

一八二五年、弟のフレデリックが生まれるとジャン＝アンリことファーブルは父方の祖父母にあずけられる。祖父母が住むマラヴァルは、サン＝レオンから北西に15キロ（当時は山道で40キロあった）、標高はさらに200メートル高い所にある。

祖父は長い髪の毛を耳の後ろにかけた厳格な家長然とした大男で、後のファーブルの規範《ロールモデル》となる大人像となる。祖母はすべての家事をこなし、子供たちに昔話をきかせてくれる優しい人だった。物心がつく3〜6歳の頃に、ファーブルは小作人や親戚が集まる大所帯のなかで育った。寒い日は家畜小屋に潜り込んで羊を抱いて寝た。夜にはオオカミの声も聞こえてきた。

▲ファーブルの育った家。　▼「虫の詩人の館」として当時の調度品が展示されている。

▲マラヴァルの祖父の家。　▼羊小屋。寒い日にはファーブルはここで寝た。

この羊の乳がロックフォールチーズ（青かび《ブルー》チーズ）の原料になる。

その頃ファーブルは、光は口で見えるのか、目で見えるのか？　と疑問をもった。そこで目を閉じて口を開ける「見えない」。では、口を閉じて目を開ける「見える」。こうして5〜6歳のファーブルは光は目で見えていることを知ったのである。

　ファーブルの好奇心や、自分で確かめてみるという態度は、すでにこの頃から発揮されていた。

　ファーブルは回想する。「幼年時代のかすかな火種《ひだね》は教育によって燃え立つのだ」（第6巻3章）と。そして小学校にあがる7歳になると、生地サン＝レオンに戻され学校に入った。ファーブルが誕生したときに署名した助祭ピエール・リカール（名付け親）がファーブルの父親に、これを進言したのである。

◉ABCを動物の名で覚える

　学校といっても寺子屋のような私塾で、リカールは、教会の鐘撞《かねつ》きやお城の管理人、畑仕事をしながら冠婚葬祭があれば出かけていく。床屋までしていた。村中の仕事をこなしながら自宅では子供たちを教えていた。

　教室にはジャガイモがゆだる鍋があり、雌鳥とひよこ、豚が出入りしていた。ここでファーブルは七面鳥や鵞鳥《がちょう》の羽根を削ってペンを作ることを覚え、フランス語のABC《アベセ》を習った。ラテン語や九九も教わった。

　またファーブルの父は、動物の絵本をファーブルに買ってくれた。A《ア》ならAne《アーヌ》驢馬《ろば》、B《ベ》ならBœuf《ブフ》雄牛、C《セ》ならCanard《カナール》家鴨《あひる》といった具合にZ《ゼド》のZébu《ゼビュ》瘤牛《こぶうし》まで続く。さらにラ・フォンテーヌの『寓話《ぐうわ》』も買ってもらい、ここに登場する鴉《からす》や狐《きつね》、鵲《かささぎ》などの動物の姿と文字を覚えていった。

　後に家の「家鴨係《あひるがかり》」になったファーブルは、近くの沼まで鳥たちを連れて行く。その水の中にはオタマジャクシ、貝、名前のわからない生き物、きれいな鉱物などが輝いていた。その思い出がファーブルの生涯にずっとこびりついている。

　ファーブルがあずけられていた祖父母の家からサン＝レオンに戻った年、遠いパリでは七月革命が起こりブルジョア共和派が復古王政を倒していた。小さな村はともかく、世の中が大きく変わろうとしていた。33歳になったファーブルの父は手に職がなかった。母は近郊のミヨーの名産であった夫人用の手袋縫いの内職をしていた。幼い二人の男の子を抱えてファーブル家は苦労を重ねていた。

▲ファーブルの家の窓からのぞむ教会の尖塔。　▼ファーブルが通った学校（下中央）。

◉第2章

ファーブル放浪の時代

◉大都会ロデーズへ

一八三三年、ファーブル一家はサン＝レオンを離れる。父親がアヴェロン県の中心ロデーズに出て、カフェを開くことになったのである。

フランス国内は、帝政から共和制になり政治的にも激動期であった。ヨーロッパ全体では列強が帝国主義下にあり、富国強兵を目指し、産業革命のただなかでもあり、植民地獲得に鎬《しのぎ》を削っていた。

フランスの都市では、アラビアやアフリカから輸入されるコーヒー豆を煎じて飲ませるカフェが大流行した。農村を捨てて都市に集まる若者が活発に議論しあうたまり場になっていた。つまり流行の商売にファーブルの父親は飛びついたわけである。

◉ウェルギリウスに親しむ

10歳になったファーブルは、王立学院中等学校《コレージュ》に入学。国立総合学校《ユニヴェルシテ》の建物内にある礼拝堂《チャペル》で司祭のミサの手伝いをし、聖歌隊に入り袖の広い白衣《スルプリ》を着て、赤い帽子《キャロット》、赤い僧服《スターヌ》を着てお勤めをすることで学費を免除してもらえることになった。ラテン語、ギリシア語、古代ローマの詩人ウェルギリウスやホメーロスの叙事詩に親しむ。この詩は生涯ファーブルの心に残った。ラテン語やギリシア語がよくできて学校では可愛がられたらしい。『昆虫記』にもあふれる叙情的な表現は、こうした古典詩との出会いで育まれた。

ウェルギリウスが読めるようになると「メリボエウスやコリュドン、メナルカスやダモエタスその他の登場人物にすっかり夢中になった。古代の羊飼いたちの色恋沙汰のことは幸運にも、何のことかわからないまま通りすぎた。こうした人々が活動している世界の背景には、ミツバチやセミやキジバトやカラスや山羊《やぎ》やエニシダについての、美しい描写があった。響きの良い詩句で語られるこんな野生の生き物に接することは、

ロデーズの大聖堂。

本当に楽しいことだった。そういうわけで、ラテンの詩人ウェルギリウスは私の学校時代の思い出のなかでも、もっとも忘れられない印象を残しているのである」（第6巻4章）と、記されている。

◉都会を放浪する

ファーブルは勉学に詩に、牧場の虫や鳥と親しむ日が続いたが、父のカフェの経営がうまくいかない。原因は明らかではないが素人が簡単に手を出せる商売ではなかったのだろう。ロデーズを引き払いカンタル県オーリヤック、オート＝ギャロンヌ県トゥールーズ、エロー県モンペリエなどを転々とする。トゥールーズではエスキーユ神学校に学び、第五学級（中学二年生）を終えることはできた。しかし父親のカフェはどこでも失敗ばかり。ファーブルは、あこがれていた医師であり作家のラブレーが学び、また教えていたモンペリエ大学に入学したいという希望もかなわかった。

そして15歳のとき、モンペリエで家族は離散することになる。それぞれ一人で生きていくことになったのだ。『昆虫記』第6巻4章でファーブルは「ここは飛ばそう」と書いている。

◉食事を我慢して詩集を買う

ファーブルは住む家のないまま1年間、ロデーズ、オーリアック、トゥールーズ、モンペリエと移動しながら日雇い人夫として暮らす。当時は役所の慈善事業として放浪している貧者のために一夜の宿として避難小屋が用意されていた。中には夜具として藁束《わらたば》があるだけで、翌日の朝には体中がシラミにたかられていたという。

ファーブル自身もこのような時代のことは「揚げたジャガイモ代の二スーを稼ぐんだ。私は人生の塗炭《とたん》の苦しみを味わうことになった」と回想する。露天のレモン売り、ニームとボーケールの間に敷設されつつあった鉄道の線路工夫もした。しかし都市にあふれる労働者は多く、賃金は安いものであった。この時代のことは『昆虫記』でも触れられていない。唯一、食べるものを我慢して、南仏ニームのパン職人で労働詩人のジャン・ルブールの詩集『天使と子供』を買い、それを読みながら満足し、道端の葡萄《ぶどう》で飢《う》えをしのいだ話が紹介されている。学問がしたい。日々食べるものに苦労せずに暮らしたいとファーブルは考えていた。

▲南仏は今でも町を離れると荒野が続く。　▼現在のモンペリエ。

第2章

アヴィニョンの師範学校時代

◉プロヴァンスの歴史ある町

ヴォクリューズ県アヴィニョンは、パリの南東690キロに位置する。ファーブルは学生時代と教員時代あわせてこの地で20年を過ごしている。古代ローマの属州（プロヴィンキア）でローヌ川のほとりにある古都である。洪水で半分が流された聖《サン》ベネゼ橋は童謡「アヴィニョンの橋」（アヴィニョンの橋で踊ろうよ踊ろ）でも有名だ。地名の由来は、キリスト教の異端とされるアルビ派が栄えた町だからだという。

アヴィニョンは、一二二六年にフランスのルイ八世に攻め込まれ、その後ローマ教会の影響下でイタリアとの関係が深まった。フィリップ四世の強圧の下、教皇クレマン五世は幽囚の日々を送る。一三〇九年から七七年まで7代にわたってローマ教皇はこの地で過ごし、教皇庁をつくっていた（アヴィニョン捕囚）。

商工業都市でもあり、ワインと養蚕《ようさん》、絹織物と染め物（茜染《あかねぞ》め）が産業として発達していた。14世紀には全市を取り巻く城壁が造られた。現在、教皇庁宮殿は世界遺産に登録されて観光地として賑《にぎ》わっている。

◉食事と寝る場所が確保される

一八三九年、ファーブルはアヴィニョンの師範学校《エコールノルマル》で給費生の募集を知り受験する。そして見事、主席で合格して給費生になる。元僧院が無料の寄宿舎になっており毎日同じ干し栗やエジプト豆のスープであったが、ファーブルは16歳にして食べ物と寝る場所の苦労から解放された。科学、数学、物理、博物学を学び、ギリシア語とラテン語に磨きがかかる。酸素を作る実習に感銘を受け、そして晴れて小学校教員の免状を得た。

当時のフランス教育界は共和制（反カトリック）と教会《カトリック》が反目しあう時代で、新しい社会をつくろうとしていた師範学校は共和制の牙城だった。先生たちは生徒の教育から宗教的なものを排除しようと必死だった。

▲アヴィニョンの教皇庁宮殿。　▼サン=マルシアル教会（旧高等中学と博物館）。

カルパントラの先生

◉生徒から教わったハチの蜜の味

ヴォークリューズ県のカルパントラは、14世紀に教皇が住んで栄えた古都である。ファーブルは19歳で師範学校を卒業すると、この町で6年間、高等中学附属小学校の教員を勤めた。現在のヴィクトル・ユーゴー学院《コレージュ》で、建物には「一八四二〜四八に昆虫学者のファーブルが勤めていた」という石板が掲げてある。

当時、フランスの学校教員は給料が安く、将来の保証もない職業だった。ファーブルの年俸は７００フラン。しかも給料の遅配すらあった。それでも若きファーブル先生は、子供たちに彼らの将来の仕事で役立つ科学的な知識を授けようと奮闘していた。ファーブルの授業は、単なる知識の伝授ではなく、物語を語るように科学の基礎知識を説いて子供たちから人気があったという。

幾何学の授業では、手製の測量器具を使い野外実習を行った。その道々、子供たちは泥の塊に麦藁《むぎわら》を刺して何かをしている。何かと思えば、それはヌリハナバチの泥の巣で、子供たちは、中に蓄えられている蜂蜜を麦の麦藁《ストロー》で吸っていたのだ（第1巻20章）。ファーブルは生徒からハチの存在を教わり、その知識を深めるためにカステルノー、ブランシャール、リュカによる大著『節足動物誌』を1か月分の給料を出して買うことになる。この一冊によって、ファーブルは、ハチの正確な名を知り、レオミュール、ユベール、レオン・デュフールらという、昆虫の研究を先行する大昆虫学者らの名を知ることになる。

◉結婚そして独学開始

一八四四年、21歳のファーブルは同じ教員で2歳年上のマリー＝セザリーヌ・ヴィラールと結婚した。新しい部屋に移り、生活を始める。一八四五年、長女エリザベスが生まれるが1年で亡くなってしまう。

▲ファーブルが教えていた高等中学附属小学校の跡。

一八四七年、長男ジャン＝アントワーヌ・エミール・アンリ（祖父や父の名をもつ）が生まれるが、やはり2歳になる前に亡くなってしまう。そんな悲しみに包まれながらも、より給料の良い上級の教員免状をとるためにファーブルは独学を始める。

ある日、一人の青年が数学の試験のために家庭教師をしてほしいと訪ねてきた。そして自分でも理解していなかった代数を、知人の本棚《ほんだな》からこっそり「失敬」してきた本を使って学び、青年に教える。青年は見事に試験に合格する。ファーブルもまた、独学の手応えを感じて代数に続いて幾何も学ぶ（第9巻13章）。そして一八四六年にモンペリエ大学で大学入学資格《バカロレア》試験に合格。数学の理学士の資格を得る。2か月後には同大学で高等中学校《リセ》で教えることができる化学と物理の大学入学資格《バカロレア》も得た。

これで今より給料の高い高等中学校《リセ》の教員になれると安心したが、つてのないファーブルには、なかなかその席がまわってこなかった。やっとポストが見つかったのがコルシカ島のアジャクシオの高等中学校の物理学教師だった。給与は外地手当（200フラン）もついて、700フランが1800フランになった。

コルシカで海を知る

◉コルシカの高等中学教師時代

美しい島《イル・ド・ボーテ》と呼ばれるコルシカ島はナポレオンの出身地で、2000メートル級の山々が連なり、海に浮かぶアルプスと呼ばれる。ファーブルは一八四九年から五三年までの4年間、西海岸のアジャクシオに住んだ。

ファーブルが教鞭《きょうべん》を執ったのは、ナポレオンも学んだアジャクシオの高等中学校で、現在はイタリア美術を展示するフェッシュ美術館になっている。この建物にも「一八四九〜五三年まで昆虫学者のファーブルが物理を教えていた」という石板が掲げられている。

フランス内陸に育ったファーブルには初めての海である。コルシカでの生活は、自然に興味をもつファーブルにとって大きな転機となった。海岸の貝殻に惹《ひ》かれ、これを集めることから海との付き合いが始まった。

貝といえば陸上にはカタツムリがいて、山の洞窟《どうくつ》にはラスパイユマイマイと名付けられた特産種も知られていた。ラスパイユとは、カルパントラ出身の化学者であり政治家の名である。ファーブルはラスパイユを尊敬し、その著作にも親しんでいた。

◉博物学との出会い

アヴィニョンの植物学者・動物学者であるエスプリ・ルキアンは、コルシカの植物の図鑑を作ろうと考えて標本を集めていた。彼は大金持ちのブルジョアで自分の好きなことに打ち込める身分にあった。学問というよりも貴族の博物学趣味に近い。ファーブルとは一八五〇年にコルシカで出会った。ファーブルはルキアンの助手を務めながら、植物の名前を教わり、標本の作り方を学んだ。さらに植物の種《しゅ》を系統的に知るという生物分類の基礎を学んだ。以降ファーブルは、ルキアンがアヴィニョンに戻っているときでも標本を送り続けた。しかし翌年の一八五一年、ルキアンはコルシカの南端ボニファシオで客死してしまう。

▲コルシカ島（写真・Satoho mieko）。

ルキアンの死の翌年、彼の植物図鑑の仕事を引き継ぐためにトゥールーズ大学の博物学者モカン＝タンドンがコルシカを訪れた。適当な宿がなくファーブルの家に泊まることになる。ファーブルはその2週間のあいだモカン＝タンドンにコルシカ中を案内して植物標本を集めた。

二人は植物を通じて親しくなると先輩格のモカン＝タンドンはファーブルに「数学なんかおやめなさい。あなたには博物学の才能がありますよ」と助言する。ファーブルは数学の勉強も続けていたのだった。

そして家にある貝殻の標本を見て「ただ集めて分類するだけでは足りませんよ」と、水を張った深皿で生きたカタツムリを裁縫用の針と鋏《はさみ》を使って解剖し、それぞれの器官を説明をしてくれた。ファーブルはこれを「生涯で受けた唯一の授業」と後に記している（第10巻21章）。ファーブルは、ルキアンから学んだ生物の系統と分類、そしてモカン＝タンドンから学んだ生きた生物を観察する重要さを知り、博物学に傾倒していく。

この島では一八五〇年に次女のアントニアが生まれている。ファーブル自身は熱病《マラリア》に罹《かか》り、いったん内地アヴィニョンに戻ることになった。

◉第2章

二度目のアヴィニョン

◉母校の教師になる

アヴィニョンで健康を取り戻したファーブルは、コルシカに帰るが同年すぐに母校アヴィニョン師範学校（後の国立中等学校）の物理学助教授任命の辞令が届く。年俸は１７００フラン。結局アヴィニョンに戻り、本土で教壇《きょうだん》に立ちつつ博物学の勉強に打ち込む。学士号の試験はトゥールーズ大学で行われた。試験官は「生物は無生物から生まれる」という自然発生説を信じる学者だった。ファーブルは否定派だったので堂々と論理的な説明を開陳し、相手を感心させた。そして博物学の学士号を取得。学士号の次はいよいよ博士号で、これを手にすればファーブルの夢である大学教授への道が開かれる。しかしその前に教授資格《アグレガシオン》を得なければならない。これは科学論文を書き、難しい口頭試問に通らなければならない。しかしこの資格さえもっていれば高等学校での出世は思うままである。

◉ある論文との出会い

ファーブルがアヴィニョンへ戻り2軒目に住んだのはサン＝クレールという教会跡の建物で、一三二七年に大詩人ペトラルカとラウラが出会い、永遠の恋に落ちた場所であった。今は壊されてしまい壁だけが残されている。

この家でファーブルは、医師であり昆虫学者であったレオン・デュフールが書いたタマムシツチスガリの論文を読む。この狩《か》りバチは自分の幼虫のために地下に巣穴を掘り、そこに食物となるゾウムシを蓄える。ゾウムシは幼虫が育ちきるまで腐らない。デュフールは、その理由をハチが防腐剤を獲物に注射しているからだ、と考えた。ファーブルは、生きた狩りバチの行動を研究するということに驚き、そして感激する。すぐに自分でも近所で見られるタマムシを獲物にするタマムシツチスガリの観察を始めた。

▲ローヌ河に架かる聖《サン》ベネゼ橋と教皇庁宮殿。　▼アヴィニョンのファーブル第1の家。

巣穴に蓄えられたタマムシが本当に死んでいるかを確かめるためにブンゼン電池でショックを与えるなどの実験を行う。やはり獲物は死んでいなかった。ただ麻痺《まひ》して動けないだけなのであった（第1巻4章）。ハチはゾウムシの三つの神経節《しんけいせつ》が集まっている胸の部分に針を刺した。すると獲物のゾウムシは電撃に撃たれたように動かなくなった。麻痺して動けないだけで死んでいるわけではない。だから腐ることもない。ハチは防腐剤を注射しているのではなかったのだ。その結果をファーブルは、一八五五年「自然科学年報第4巻」に発表。フランス学士院はこの論文にモンティオン賞（の中でも高位の「実験生理学賞」）を授けた。大研究者レオン＝デュフールも自分の間違いを正し、研究を推し進めたファーブルに感謝の手紙を送っている。

この受賞は同僚を驚かせた。大学教授の資格もなく、物理の教師で人付き合いが悪く、ルエルグ地方のつばの広い帽子を被った男が虫の研究でモンティオン賞を受賞したのである。同年四女クレールが生まれている。

◉茜染めの研究

一八五五年、ファーブルは博物学の学位を取るために「ラン科チドリソウの球根の研究」と「フランスツキヨダケの研究」という二つの論文を持ってパリ大学へ行った。パリ大学ではコルシカで縁ができたモカン＝タンドンと再会したのだが、ファーブルには冷たかったという。論文を審査したのは当時の博物学の権威イジドール・ジョフロワ・サン＝ティレールらだった。

本業の教師以外の個人授業は時間がとられ、昆虫の研究ができないが家族を養うためにお金を稼ぐ必要があった。ピエールラットでカフェを開いていた父親は、また商売に失敗しファーブルをたよってくる。

当時のアヴィニョンの重要な産業のひとつに茜染め《あかねぞめ》があった。これはアカネソウの根から採れる染料で布を赤く染めるもので、かつてフランスの軍隊も茜染めの赤いズボンを履いていた。ファーブルとしては、自分の物理、化学、植物学の知識で収入を得たいと考えていた。そこでアカネソウから直接色素（ルベルトリン酸）を取り出す方法を研究しはじめる。

◉茜の色素抽出に成功！　しかし……

当時は、家族を養うための生活費がファーブルを苦しめていた。それでも昆虫の研究にはいくつもの大発

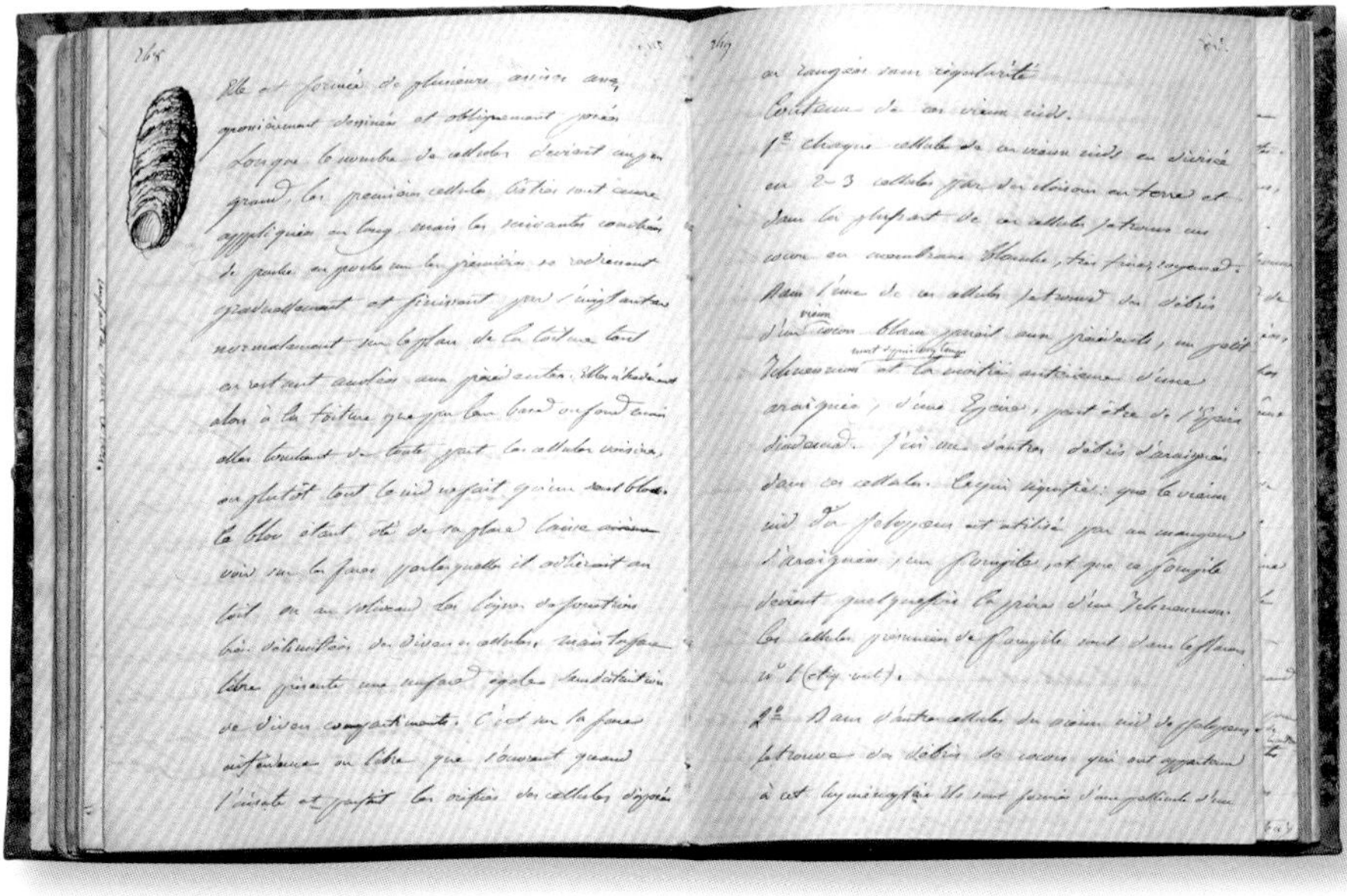

▲タマムシツチスガリの論文。　▼アヴィニョン第２の家サント=クレール。

見が重なった。昆虫が卵・幼虫・蛹《さなぎ》・成虫と姿を変えながら育つことを変態《へんたい》（この例は蛹の時期をもつ「完《かん》全変態《ぜんへんたい》」）という。ファーブルは、ツチハンミョウという昆虫で、一度蛹になったものが、さらに別の姿の蛹に変化するようすを発見し、これに過変態《かへんたい》と名付けて一八五七年に論文にまとめる。このようにファーブルは研究者として順調に実績を積み上げていた。

ところが学校を訪ねてきた視学官に、良い研究をしても家に資産がなければ大学教授になるのは無理だと言われてしまう。彼はけっきょく、教授資格《アグレガシオン》もとらないまま16年間高校の先生のまま過ごすことになった。

◉アヴィニョン3回目の引っ越し

そのようなわけでファーブルは教師を続けながら生きた虫の研究を進めることになる。後に有名になるタマオシコガネ（スカラベ）の研究も始めた。しかし家が市場に近くうるさかったので3回目の引っ越しで染物屋通り《タンチェリリエ》の家に引っ越した。

ダーウィンは『種の起原』（一八五九年第1版）の第7章「本能」の章で、はやくもファーブルのトガリアナバチの観察を紹介している。

一八六一年、次男ジュール誕生。ファーブルは、ルキアン博物館の館長に就任。博物館に後に文部大臣となる視学官デュリュイ、植物学者ドラクール、経済学者ジョン・ステュアート・ミルが訪れ、それぞれファーブルと意気投合する。

教科書が味気ないと感じていたファーブルは、自分の授業で工夫していた公開実験のような内容で科学啓《けい》蒙書《もうしょ》を書き始めた。一八六二年にアシェット社から『農芸化学入門』が刊行される。それを読んだシャルル・ドラグラーヴは、ファーブルに執筆を依頼して一八六五年に『空』、『大地』を刊行。以降年に4〜5冊を出す。その結果、60冊以上の本が出ることになった。もちろん『昆虫記』もドラグラーヴ社である。一八六三年に三男エミールが生まれ、家族は増えるばかり。

◉アヴィニョンを去る

一八六五年にファーブルの家をルイ・パスツールが訪ねてきた（第9巻23章）。当時、南仏ではカイコの病気（微粒子病）が大流行し、養蚕業《ようさんぎょう》に大打撃を与えていた。その病原を調べるためにパスツールは虫に詳しいファーブルを訪ねてきたのだ。

▲アヴィニョンに残るファーブル通り。　▼染物屋《タンチェリエ》通りにあるアヴィニョン第３の家。

それまで都会人のパスツールはカイコの繭《まゆ》を見たことがなかったらしい。そしてパリの学者然とした態度に素朴な南仏人ファーブルは傷ついた。とは言うもののパスツールはカイコの病原菌を発見し、その後も活躍を続けてアカデミー会員になり、やがてフランス科学界の巨頭となった。

『種の起原』(一八六六年第4版)でダーウィンはファーブルのことを「たぐい稀《まれ》な観察者」であると称《たた》える。ヴァントゥー山の植物採集では、仲間たちと遭難しかける(第1巻13章)。

ファーブルは大釜でアカネソウを煮ながら研究を続け、一八六六年ついに染料を粉末の状態で得る方法を開発する。この特許料でファーブル一家の生活は楽になるはずだった。ところが同じ頃、ドイツで石炭タールから抽出された化学染料アリザリンが実用化されてしまい、ファーブルの夢は潰《つい》えてしまう。

そのころもう一人ファーブルを訪ねてきた人がいた。かつての視学官(財産がないと大学教授になれないと「助言」した人物とは別)、今は第二帝政時代の文部大臣ヴィクトール・デュリュイである。ファーブルを気に入っていた文部大臣は、一八六八年、彼にレジオン・ドヌール五等・シュヴァリエ勲章を贈り、翌年にはファーブルをナポレオン三世に拝謁《はいえつ》させた。

デュリュイ文部大臣が打ち出した新教育方針は、学問と宗教を分離し一般の知識を向上させることだった。新しい市民教育は、無料で職人や農民のために夜間学級を開いたり、女性のために教育講座を開設するということで実行された。ファーブルは市が主催する公開講座で物理と博物学を受け持つことになった。人気があり女性の受講者も多かった。

学問と宗教を分離しようと考えたデュリュイは宗教界からは目の敵《かたき》にされていた。そんな状態でファーブルは若い女性の前で「植物の雄しべと雌しべの受精」の話をしたことが良俗に反すると問題になり、講座を追放されてしまう。これには、デュリュイが目指した学問と宗教の分離と、それに反発する宗教界の諍《いさか》いが根にあった。そしてファーブルは本職の学校教師まで免職にされてしまった。悪いことは重なるようにやってきて、一家は家主から借家も追い出されてしまう。

それでも受講していた生徒たちにファーブルは忘れられない先生だったようで、立派な置き時計が贈られ、それは生涯ファーブルの傍らにあった。

▲アヴィニョンから通ったレ・ザングルの丘。　▼暖炉の上に記念の置き時計。

オランジュ『昆虫記』の始動

◉第2章

◉インクの壺からお金を得る

一八七〇年、ファーブルは妻子6人を抱えてアヴィニョンからローヌ川沿いに30キロ北のオランジュへ引っ越した。引っ越しができたのは、親友のミルが3000フランを貸してくれたからだった。ファーブルはこの地で書いた科学啓蒙書《けいもうしょ》の印税で、コツコツと借金を完済することができた。この頃、科学啓蒙書はよく売れ、一時は年収が1万6000フランになることもあったという。

ここでファーブルはダーウィンと相談しながらハチの帰巣本能を調べる実験（第2巻7章）や、猫のジョーネの観察（第2巻8章）などを行っている。

ファーブルは教育界と離れたことで、昆虫の研究と著述業に専念することになる。そしてアカネソウの桶《おけ》からは得られなかったお金をインクの壺《つぼ》から取り出そう、ファーブルはそう考えた。論文でなく一般の人が読める本を書くのだ。さあ働こう《ラボレームス》！　科学啓蒙書を次々と刊行する。しかし裕福な医師リベールのさそいで引っ越したオランジュ第1の家は広すぎて、落ち着かなかったようだ。ファーブル一家はまたしても引っ越しをする。この建物は今は保育園になっている。

◉度重なる困難

しかし人生は「禍福《かふく》は糾《あざな》える縄《なわ》の如《ごと》し」で親友のミルが急死。二人で計画していたヴォークリューズ地方の植物図誌も頓挫してしまう。

さらに館長として週2回、鉄道に乗って通っていたアヴィニョンのルキアン博物館を免職されてしまう。教師をやめてからも4年間は館長の職にあったが退職金すら出なかった。ここには30万点の植物の腊葉《さくよう》標本がありフランス最大のコレクションと言われている。ルキアンが買ったり、取り寄せたり、採集したものである。もちろんファーブルが採集したものも含まれて

▲オランジュ第1の家。　▼オランジュ第2の家。

いる。ファーブルはこの標本を手にすることもできなくなってしまったのだ。この頃住んでいたオランジュの2軒目の家は、ローマ時代の古代劇場の前にあった元郵便局の建物で、町の騒音がうるさかった。神経質なファーブルはふたたび引っ越すことになった。

◉いよいよ『昆虫記』にとりかかる

オランジュ3軒目の家は、カマレ街道沿いの家で、今はもうない。街道に面した屋敷までの私道はプラタナス並木になっている。その街道に立つ門柱には、「ここで昆虫学者のファーブルが『昆虫記』第1巻を書き上げた」と記された石板が掲げられている。

この頃書かれた本は、『初歩幾何学』『農芸化学改版』『物理の考え方』『植物』『農業に有益な動物』（一八七三）、『植物』『オーロラ』（一八七四）、『家畜の話』『工業』（一八七五）、『地理入門』『植木』『動物学』（一八七六）、『地理入門』（一八七七）、『読本』『農業算術　原理と実際』（一八七八）である。これらの科学書はデュリュイの教育制度改革期にはとてもよく売れた。

ファーブルにとって科学を面白くわかりやすい言葉で説明したいという思いは、ここで磨き抜かれ、『昆虫記』に結実していく。『昆虫記』には52～53歳、つまり一八七五～七六年頃から取り掛かったようだ。『植物』（一八七二）の「スカラベ」は『昆虫記』第1巻1章とほぼ同じ内容である。『動物読本』（一八七二）は、いろいろな人が書いた文をファーブルが編纂《へんさん》したアンソロジーで、自分で書いた原稿も入っている。『動物読本』第44章は、後年書き改められて『昆虫記』第1巻3章「タマムシツチスガリ」に、第45章は『昆虫記』第1巻6章の「キバネアナバチ」になっている。

『昆虫記』を書き始めた頃、アヴィニョンに農事試験場ができ、ファーブルは所長として迎えられた。しかし、人々とうまくいかず1年でやめてしまう。そのためまた本をどんどん書きだす。

16歳になった次男ジュールが一八七七年九月一四日、悪性貧血のため病没。その死別の悲しさからファーブル自身も肺炎になり生死をさまよう。それでもようやく『昆虫記』第1巻を書き上げ、ドラグラーヴ社へ送る。

◉オランジュを去る

一八七九年の春、家から街道に並ぶプラタナスの並木を大家がばっさり伐《か》ってしまったことに腹を立てた

▲ルキアン博物館。　▼館内の腊葉《さくよう》標本。ルキアン（上）、ミル（右）、ファーブル像（左）。

▲コハナバチ。地面の巣穴には門番（母バチ）がいる。左は巣に戻ってきた娘バチ。

ファーブルは、家を引き払う。大家は大家で、病人のいた家など縁起が悪いと、一家が出ていくとすぐに壊してしまった。

この家の周囲で観察していたコハナバチは、オランジュから引っ越した年に、フランス動物学年報に論文「コハナバチの習性」として発表し、25年後の荒地《アルマス》での観察を加えて『昆虫記』の第8巻7〜9章に掲載している。第8巻9章では「私はオランジュを去って、これが私の終《つい》の住《す》み処《か》となるであろう、このセリニャンに移ってきた。引っ越しの最中《さなか》、我が隣人たるタカネコハナバチは仕事を再開していた。私は彼らをざっと眺めた。別れを惜しむ一瞥《いちべつ》であった。なぜなら私は、コハナバチたちを観察して、まだまだたくさんのことを学ばなければならなかったからである」と記している。ファーブルはセリニャンで一九〇〇年頃にコハナバチの観察を再開し、そして一九〇三年に刊行される『昆虫記』第8巻に記述するのである。

ファーブルが引っ越したのはセリニャンに買った庭付きの研究所兼住居荒地《アルマス》で、ファーブル家にとっては、これが最後の引っ越しとなった。新しい家の7200フランは本の印税で賄えたのだ。

▲オランジュ第3の家の跡。　▼門柱の石板。『昆虫記』が書き始められた、とある。

オランジュからセリニャンに向かう街道にあるファーブルのモニュメント。

セリニャン　荒地《アルマス》という楽園

◉我が願いのうちの荒地《アルマス》

ファーブルは、オランジュから北東約7キロにあるセリニャン＝デュ＝コンタに1ヘクタールの庭付きの屋敷を買った。それは一八四二年から1年ほどかけてナポレオン軍の旅団長のために建てられた立派な屋敷で、村人たちは「城」と呼んでいた。しかしファーブルが移り住んできた頃には、見捨てられた状態で、壁や外装など数か月かけて修復が行われたという。

ファーブル一家はオランジュからの急な引っ越しのため、職人たちとともに寝泊まりしていたという。次女アントニアはすでに嫁いでおり、ファーブル夫婦のほかには、アグラエとクレールそしてエミールがいた。庭には泉が湧き、飲料水になった。長いあいだ放っておかれた耕作地は荒地になっていた。ファーブルはこの念願であった庭付きの住居兼研究室を、プロヴァンス語で「荒地」を意味するアルマスと名付けた。

屋敷の2階は研究室で、原稿の執筆もここで行われた。『昆虫記』は第2巻以降第10巻まで荒地《アルマス》で書かれ、けっきょくファーブルは56歳から生涯を終える91歳までの36年間をセリニャンの荒地《アルマス》で過ごすことになる。

◉『昆虫記』の刊行

一八七九年四月、ファーブルが荒地《アルマス》に越してまもないころに『昆虫記』の第1巻が刊行された。その終わりには、付記として、息子ジュールへ献名したハチ3種、次女アントニアに献名したハチ1種が紹介されている。『昆虫記』2巻の冒頭には「息子ジュールへ」と献辞があり、パリ国立自然史博物館教授（当時の博物学の大物）の短い献辞も載っている。

ファーブルの書く科学啓蒙書《けいもうしょ》はよく売れ、その一部は教科書にも採用された。セリニャンに引っ越してからも『野』『宇宙』『石と土地』（一八七九）、『可愛い娘たち』『化学の話』『力学』『自然史（物理、動物、植物、地

▲荒地《アルマス》全体を凧《たこ》で空撮。手前が南、屋敷は北側にある。　▼門から屋敷へ至る通り道。

荒地《アルマス》に飛来したオオイチモンジジャノメ。

理)』(一八八〇)、『発明者及びその発明』『物理入門』『ポール伯父さんの化学』『家事』『土地と石(一八八一年)』、さらに一八八二年には『昆虫記』第2巻が出ている。そして78歳になる一九〇一年までに60冊以上もの科学啓蒙書を著している。この年には『昆虫記』第7巻も出た。

◉ファーブルの再婚

話が少し先へ進みすぎたが一八八五年ファーブル62歳のときに『昆虫記』第3巻が出る。その終わりで「愛する昆虫たちよ、お前たちについての研究は、人生の試練の中で私を支えてきてくれたし、これからも支え続けてくれるのであろうが、いまはここで別れを告げねばならない」といきなり『昆虫記』(完?)というようなことを書いており、続けて「永いあいだの希望も消えてしまった」と書く。

実は第3巻が出る少しまえ、荒地《アルマス》に引っ越して5年目に妻マリーが病没する(享年54)。さらに老父の面倒を見る境遇に陥り絶望が重なった。しかし2年後にはジョゼフィーヌ・ドーデル(23歳)と再婚し、その翌年にはポール、さらに1年後にポーリーヌを得ている。

他の本も書き、第3巻の5年後に第4巻が無事に出た。『昆虫記』にはこれで「終わり」のようなことはたびたびあって、それでもかろうじて書き続けられていった。

ファーブルは前妻マリー＝セザリーヌ・ヴィラールとのあいだには三男四女(成人したのは一男三女)をもうけ、後妻のジョセフィーヌ・ドテールとは一男二女をもうけている。ほぼ92歳という長寿を得たファーブルは、2回家庭をもったことになる。

筆一本で家庭を支えていたファーブルも、一八九六年にデュリュイ文部大臣が失脚すると本が売れなくなり、さらに類似本が出回ることで本の売れ行きも悪くなってくる。『昆虫記』も最初は売れていたが『新昆虫記』と仮称された『昆虫記』第2巻からは売れゆきが悪くなってきた。それでも『昆虫記』を最後まで出版し続けたドラグラーヴ社は立派である。およそ3年に1冊くらいの時間をかけて刊行が続いた。

◉ファーブルのフィールド

セリニャンの東側にプロヴァンスの最高峰ヴァントゥー山(１９０９メートル)が聳《そび》えている。その名は「風《ヴァン》の山」という意味で山裾が広がった独立峰である。

▲『昆虫記』が書かれた2階の研究室。　▼右は住居、左の2階が研究室。

プロヴァンスの最高峰ヴァントゥー山。頂上には通信アンテナが建つ。

ファーブルはカルパントラで過ごしていたときからセリニャンに引っ越した60歳すぎまで、28回以上この山に登っている。

　ファーブルがヴァントゥー山へ登ったのは植物採集が目的であった。いっぽう昆虫の観察はセリニャンに移ってからは、ほぼ自宅にある庭、つまり荒地《アルマス》で行われていた。当時から昆虫に夢中になるファーブルの姿は、周囲から「おかしな人」と思われていたらしい。そのため人目を気にするファーブルは荒地《アルマス》の周囲1000メートルを高さ3メートルの壁でぐるりと囲んでしまった。もともと生えていた樹木に加え、ファーブルがこれまで集めてきた地中海地方の在来種、園芸植物のコレクション（日本のタケもある）、そして家庭菜園用の畑などが整備された。

　出入りできるのは街道に面した西側の玄関と屋敷脇にある東側の隠し戸だけであった。現在、荒地《アルマス》を訪れると草花はともかく、樹木も最低でも140年以上経っているためこんもりした森のようになっているが、ファーブルが実際に昆虫を観察していた当時は、木々もまだそれほど高くはなっていなかったはずである。荒地《アルマス》以外の近所のフィールドとしては、近所のエイグ川とユショーの丘があった。

●セリニャン・アカデミー

　ほとんど人付き合いのなかったファーブルであるが、数は少ないが生涯の友というべき人たちがいた。植物学者のドラクール、『昆虫記』はじめファーブルの本の版元のドラグラーヴ、詩人のエドモンとジャン・ロスタン親子、ドゥャリオらである。

　荒地《アルマス》の近くに住み、日曜日になると必ず顔を出すご近所さんもいた。荒地《アルマス》の手入れや、虫探しなどの助手として庭師のファヴィエは出入り自由という、木戸御《きどご》免《めん》の存在だった。家族の団欒《だんらん》にも加わり、クリミア戦争に従軍した経験から、海外のこと、海のこと（セリニャンは内陸である）を話し一家を楽しませた（第2巻2章）。キノコを探したり、ヘビやホウセキカナヘビのソテーを作ったり、アナグマは背肉、キツネは腿肉《ももにく》が美味しいことをファーブル家の食卓で紹介したりした。ファーブルと気があったのであろう。『昆虫記』では最初のほうによく出てくる。ファーブルと出会って、3年ほどで亡くなってしまったが、息子も、また孫もそのあとを継いで荒地《アルマス》の手入れをしていたらしい。

▲荒地《アルマス》の庭。　▼セリニャン・アカデミー（左から）のシャラス、ファーブル、マリュス。

村の太鼓叩きで、大工のマリュス・ジーグは、盲目ではあるが、手のひらに「図面」を描くとそれをきちんと作り上げるという才能をもつ大工であった。

またセリニャンに赴任してた教師ロランそして、ルイ・シャラス、ついでジュリアンという3人の「先生」はファーブルの忠実なインテリの友人だった。ファーブルは、大工のマリュス、先生のシャラス（歴代3人のうちの一人）、そして自分を加えて「セリニャン・アカデミー」と呼んでいた。荒地《アルマス》にあるベンチに3人で腰掛け、ファーブルは書きかけの原稿について、その内容を語り聞かせていたという。

◉小さなクルミの机

ファーブルは原稿を書くのに小さな机を愛用していた。まだ電灯のない時代なので、暗くなれば窓辺へ、明るすぎれば部屋の奥へ机を移動させて原稿を執筆した。この机は教師時代に数学を独学したときから『昆虫記』を書き上げるまで、ファーブルが生涯愛用したものだ。その机が自分の死後どうなるのか、そんなことに思いを馳《は》せる印象的な一章がある（第9巻14章）。

この机は、現在はパリ国立自然史博物館の分室「ジャン・アンリ・ファーブルの荒地《アルマス》」と名付けられた研究室にそのまま保存されている。住居兼研究室の建物には、昆虫標本が50箱（約5000点）、植物の腊《さく》葉《よう》標本1500〜2000点、蔵書300冊、貝殻標本2000〜3000点、手紙（ダーウィン、ミストラル、ドラクールなど30点）、ファーブル直筆のキノコの水彩画700点、自筆の原稿、楽譜たとえば「愛犬ブル《ビュル》」（可哀想なブル公は、ハエにたかられ、ノミにたかられ〜）（第2巻6章）や、賞状やメダルなどが所蔵されている。

この博物館は、医師であり政治家であるファーブルの弟子ルグロの尽力で国に買い上げてもらい保存がかなったものだ。当初は三女アグラエ、そして四男ポールが館長をしていた。

◉ファーブルの日

一九〇九年、86歳になったファーブルは『昆虫記』の11巻の原稿を書き始めるが、2章分の草稿で止まってしまう。本もあまり売れず、体力も落ちてきたファーブルを励まそうと弟子であるルグロらによって一九一〇年四月三日を「ファーブルの日」として祝宴

▲2階にある研究室。手前がファーブルが愛用した机。『昆虫記』もここで書かれた。

を開いた。哲学者のアンリ＝ルイ・ベルクソン、ポアンカレ大統領、詩人エドモン・ロスタン、詩人モーリス・メーテルリンク、作家ロマン・ロランらも協賛する。荒地《アルマス》に面する街道の村中央の十字路にはファーブルの座像（フランソワ・シカール作、１３３頁）が鎮座している。これは一九一三年「国民を代表して労をねぎらう」とポアンカレ大統領がファーブルを訪ねてきたので、あわてて村議会が作らせたものである。

　ファーブルを顕彰する意味でレジオン・ドヌール四等・オフィシェ勲章（以前受けた勲章より一階級上）や、ストックホルム学士院は「リンネ賞」、フランス・アカデミーからは「ネー賞」が贈られた。「ファーブル飢《う》ゆ」というニュースが出ると世界中から寄付が集まったが、ファーブルはそれを全部送りかえしていたという。

　不正確になることを考え『昆虫記』に絵を入れることを嫌っていたファーブルだが、体力が衰え第11巻以降を出すことができないことを悟ると、旧版で読者から指摘されていた昆虫の絵を入れ、息子ポールが撮影した写真を掲載することにした。これは黎明期《れいめいき》にあった写真への可能性と、息子に仕事を継がせたい気持ちがあったものだと思われる。

荒地《アルマス》に湧く泉を利用した池。

●第3章

『昆虫記』の主人公

タマオシコガネ

タマオシコガネ（フンコロガシ／スカラベ）は、日本には分布しないコガネムシの仲間である。ヒツジやロバなどの糞《ふん》を玉にして転がしている姿が有名だ。

『昆虫記』ではフランス名のスカラベ・サクレと表記されている。サクレとは「神聖な」という意味で、これは古代エジプトの人々が、この虫が糞の玉（糞球《ふんきゅう》）を転がすさまを見て、太陽を東から西に運ぶ神の化身と捉えていたことに由来する。その信仰では、タマオシコガネは太陽神の化身で、生命、再生、創造、変身の神としてあがめられていた。日本ではこの名を聖《ひじり》タマオシコガネ、聖《ひじり》フンコロガシなどと訳している。

タマオシコガネはコガネムシ（鞘翅目《しょうしもく》・甲虫類）のなかでも動物の糞を食物とするため糞虫《ふんちゅう》（食糞類《しょくふんるい》）と呼ばれる。糞球を転がすのは、食物を運搬している姿である。鋭い嗅覚《きゅうかく》で「新鮮な」糞があることを嗅《か》ぎつけると、たちまち飛来し糞を運ぶ。安全な巣穴まで運搬して自ら食べたり、さらに糞を別の形に加工して卵を産みつけたりする（第1巻2章そして第5巻2章）。

タマオシコガネの仲間（タマオシコガネ亜科）は約100種ほどが知られ、そのほとんどがアフリカに分布する。フランスには、アフリカを地中海で挟んだ対岸にあたる南仏に5種、そのほかヨーロッパ南部から中近東、アジアの乾燥地で見られる。いずれの姿も似ており、種の区別は難しい。フランスにいる5種（タマオシコガネ属*Scarabaeus*）もそれぞれが酷似しており、ファーブルがスカラベ・サクレ*Scarabaeus sacer*だと考えていた種は、現在ではスカラベ・ティフォン*Scarabaeus typhon*ではないかと考えられている。これらタマオシコガネの仲間は、自動車が家畜にとって代わる以前、南ヨーロッパでは珍しいものではなかった。

ファーブルがタマオシコガネを観察していたアヴィニョンのレ・ザングルの丘も、今は、森を切り拓いた住宅地になり、羊も馬も牛もいない。棲《す》む場所も食物の糞もなければタマオシコガネは生きてはいけない。

▲頭（頭楯《とうじゅん》）と前脚で糞を切り出すタマオシコガネ。　▼巣まで「食物」を運搬する。

おまけに近代の家畜は「健康のために」薬を与えられており、その薬漬けの糞が虫たちを駆逐している。すでに今、フランスではタマオシコガネの姿を見ることは難しく、アヴィニョンへ取材に行っても、大学の研究室からアフリカ産のスカラベ・ティフォンを借りて撮影する、という現状なのだ。

ファーブルは『昆虫記』の第1巻を知名度も高く行動の面白いタマオシコガネで書きだした。この虫についてはさまざまな風説があった。たとえば「糞の玉が転がしにくいときは別の虫が助けにくる」と言われていた。ファーブルは観察から、それは糞球を横取りしにきた別の虫であること、争いになると必ずしも正当な持ち主が勝つわけではないことなどを紹介する。

しかしファーブルは第1巻の時点で糞球がどのように作られるのかは正確に観察できていなかった。そのため糞球は「回ることによって仕上げられていく」と書いている。18年後に出た第5巻ではタマオシコガネが大きな塊から球状に糞を切り出していることを観察し、第1巻の記述を訂正した。また第1巻では糞球の中に卵が入っているという風説に対し、ファーブルは釘《くぎ》を打ち込んだ樽《たる》の中に人を入れて転がす古代の拷問「レグルスの樽」のようなことを虫がするはずがないと考え、たくさんの糞球を割ってみたが、やはり卵は見つからなかった。

第5巻で明らかにされるのは、糞球には、雄が自分の食用や雌に求愛するために使うものと、地中の巣で作り変えられ、卵が産みつけられる玉の2種があるということだった。卵を産みつけるために「加工された」糞球は、形が西洋梨《せいようなし》に似ていることから梨球《なしだま》とも呼ばれる。ファーブルは、この優美な姿をした梨球の形の秘密を、得意の物理学と数学で説明しようと試みる。それは気温や湿度の変化に対して、孵化《ふか》した幼虫が食べる糞の「品質」を維持するための形態であるという驚くべき解説だ。

ファーブルが観察したタマオシコガネ（スカラベ・ティフォン）は、先述のようにアフリカ、ヨーロッパ南部からイラン、アフガニスタン、中国、朝鮮半島までと広く分布する。現代なら5～6月に中国や朝鮮半島で探したほうが確実に見つけられるかもしれない。

日本で糞を転がす糞虫は、タマオシコガネの仲間とは異なる属のマメダルマコガネ *Panelus parvulus*（体長2ミリ）が知られる。

▲糞球の中には卵や幼虫はいなかった。　▼最初は見つけられなかった卵の入った梨球。

狩りバチ

ハチ（膜翅目《まくしもく》・ハチ目）は、頭部の口に大腮《おおあご》を具《そな》え、胸部にある4枚の膜状の翅《はね》でたくみに飛行する。昆虫はもとより、生物の分類群として、もっとも種《しゅ》の数が多い。ジュラ紀には出現し、幼虫・蛹《さなぎ》・成虫と完全変《かんぜんへん》態《たい》で成長する昆虫である。意外に思う人も多いがアリもハチの仲間である。暮らしぶりもさまざまで、動物食のもの、植物食のもの、寄生生活をおくるものなどがいる。それだけにそれぞれの種の行動も複雑に分化し、動物行動学の観察対象としても歴史がある虫だ。たぐい稀《まれ》な観察者と呼ばれたファーブルの目にもハチがよく映っていた。『昆虫記』は実は『蜂記』とも言えるほどハチの観察が充実している。

狩《か》りバチ（カリウドバチ）とは、ハチのなかでも自分の幼虫の食物のためにイモムシやバッタなどを獲物として捕らえる仲間だ。成虫は初夏に羽化し、花の蜜を食物とする。巣穴を掘ったり、狩りをしたりするのは雌だけで、雄は繁殖（交尾）にしか参加しない。獲物は殺さずに麻痺《まひ》させて巣に蓄える。必要な獲物が集まると卵を産み、孵化《ふか》した幼虫は、母親が蓄えた獲物を食べて育つ。獲物を殺さないということが重要で、死んでなければ腐らずに長期間の保存がきく。また生きて動いていると産みつけた卵に危険が及ぶ。

この麻痺（麻酔）された獲物という事実を発見したのが若きファーブルで、それ以前はハチが獲物に防腐剤を注射していると考えられていた。この発見でファーブルは一八五六年にフランス学士院の実験生理学賞（モンティヨン賞）を受け、生きた虫を観察するという魔力に囚われてしまう。そして約30年をかけて記された『昆虫記』全10巻221章として結実する。

ちなみに「狩りバチ」とは、いわゆる生物分類の言葉ではなく、ハチの行動から便宜的に用いられる呼び方で、別には花の蜜を集める「花バチ」、別の虫の巣や体に卵を産みつける「寄生バチ」、そして単独の雌が子孫を残すのではなく1匹の雌（女王バチ）を中心にその

ヨトウムシの神経節に
針を刺して麻酔する。

▲ヨトウムシに麻酔をかけるアラメジガバチ。 ▼巣に収納した獲物に卵が産みつけられる。

ハチの卵

家族が集団で生活する「社会性バチ」などの言葉が用いられる。これらの区別は、種の数がおびただしいハチの大雑把な仲間分けや、ハチの進化の歴史を大づかみするのに便利な呼称である。

ファーブルが狩りバチと出会ったのは、同時代の大昆虫学者レオン・デュフールが書いた論文「タマムシツチスガリ」であった（第1巻3章）。ファーブルは、その論文を読み、生きた虫の行動を研究することを知り感激する。そして自分でもさっそく狩りバチの観察を始めたのである。ただしファーブルの身近にはタマムシツチスガリがおらず、見つけた狩りバチはゾウムシを獲物にするコブツチスガリであった。そして論文の「殺した獲物に防腐剤を注射する」と書かれてあったことに疑問をもち、実験と観察を続ける。そして先に述べたように、防腐剤ではなく麻酔をかけていることを発見するのである。

ファーブルの昆虫学のデビューが狩りバチだったのは、なによりも狩りバチの緻密で複雑な行動が観察していて「楽しい」からだろう。ファーブルに影響を受けた後の昆虫学者のほとんどが、「狩りバチ」を専門領域としている。


ファーブルはレオン・デュフールに薫陶《くんとう》を受け、コブツチスガリ（ゾウムシ＝獲物・以下同）を手始めにラングドックアナバチ（コバネギス）、キバネアナバチ（コオロギやバッタ）、アラメジガバチ（ヨトウムシ）、ハナダカバチ（ハエやアブ）、オウシュウトックリバチ（イモムシ、シャクトリムシ）、アメデトックリバチ（イモムシ、シャクトリムシ）、カマキリトガリアナバチ（カマキリ）、フタスジツチバチ（コガネムシの幼虫）、オウシュウキゴシジガバチ（クモ）、ヒメベッコウ（クモ）、ジンケイドロバチ（ゾウムシの幼虫）、ミツバチハナスガリ（ミツバチ）、オビベッコウ（ナルボンヌコモリグモ）などの観察記録を残している。

ファーブルの観察以後、狩りバチの研究は、巣作り・狩り・産卵の順番がどのように組み立てられているかに注目が集まった。ベッコウバチは狩り・巣作り・産卵の順番。ジガバチの仲間は巣作り・狩り・産卵、ハナダカバチの仲間は巣作り・産卵・狩りという順番なのだ。これらファーブルの観察が、後年彼自身が嫌っていた進化、それも「行動の進化」を解明するきっかけとなった。それを平易に解説した『ハチの生活』岩田久二雄（岩波書店）は、『昆虫記』が生んだ名著である。

▲卵から孵化《ふか》したハチの幼虫は、獲物を食べて育つ。 ▼蛹《さなぎ》にに変態したアラメジガバチ。

花バチ

ハチ（膜翅目《まくしもく》・ハチ目）は、頭部の口に大腮《おおあご》と蜜を吸う長い舌を具《そな》え、胸部にある4枚の膜状の翅《はね》でたくみに飛行する。狩《か》りバチ同様に幼虫・蛹《さなぎ》・成虫と完全《かんぜん》変態《へんたい》で成長する。

最初に出現したハチの先祖は、植物を食べて暮らしていた。その「伝統」を今も守るのがハバチ（葉蜂）やキバチ（木蜂）で、卵は孵化《ふか》した幼虫の食物となる植物に産みっぱなしにする。卵を産みつける管《くだ》が産卵管《さんらんかん》で、それが後に毒を注射する針（毒針）に進化する（だからハチが刺すのは雌だけである）。そのいっぽうでハチのなかには、幼虫の食物に他の昆虫を利用するものが出てきた。その筆頭が他の昆虫の体内に卵を産みつける寄生バチである。これは幼虫が寄生者の体内で育つハチである。さらにそこから、獲物を捕らえてその体表に卵を産みつける狩りバチ（カリウドバチ）の仲間が出現する。ファーブルが『昆虫記』で多くのページを割いた仲間である。これらのハチは雌が単独で巣作りを行う。このなかから一匹の雌（女王）を中心とする家族集団、つまり社会性をもつハチ、具体的にはスズメバチやアリ、そしてあまり名は知られていないがコシボソバチの仲間が出現する。

そして動物食で社会性をもつコシボソバチから、ふたたび植物食にもどったハチの仲間が出現する。それがここで言う花バチの仲間である。しかし花バチは、その祖先が単独で巣も作らずに食物の植物に産卵していたのとは異なり、親が子を守るために巣を作って食物を蓄えて産卵（「雌と卵」＝家族の出現）したり、母と娘（家族）という集団生活を発達させたりして暮らすハチの仲間である。

『昆虫記』の第1巻20～22章から繰り返し登場するのは花バチのヌリハナバチである。一八四二年、初めてカルパントラの高等中学附属小学校の教師になったときの思い出とともに、ファーブルはこのハチの仲間の生態について記している。このハチは、泥をこねて

▲単独で巣作りをするマルハナバチ。　▼『昆虫記』の「常連」ヌリハナバチ。

小さな部屋（育房《いくぼう》）を作り、その中に生まれてくる幼虫のために蜂蜜や花粉を蓄えてから卵を産む。そして小部屋に泥で蓋をして、それを複数個作る。ヌリハナバチやマルハナバチは、女王バチ以下大家族で生活を行うミツバチと違い、いわば「ひとり親方〈女親方？〉」で、交尾を終えた雌が一匹だけで、巣作り・貯蜜・産卵を行う。ヌリハナバチの仲間はファーブルに身近だったようで、巣作りの行動や帰巣本能の実験など第1巻以降も『昆虫記』に登場する。

ハキリバチやモンハナバチ、ツツハナバチも交尾を終えた雌が単独で、植物の茎やカタツムリの殻、他の昆虫などが掘った穴を利用して貯蜜・産卵を行う。ひと続きになった小部屋から羽化したハチが脱出するときに、隣部屋の兄弟たちの「迷惑」にならないか、そんな疑問も『昆虫記』の読みどころだ。

『昆虫記』では前半に集中するハチの話が、第8巻7～9章にもぽつんと登場する。コハナバチの観察である。ファーブル自身は、複数の雌が巣を共同利用し、年老いた雌が巣穴の門番をしていると考えていた。実際には1匹の雌（巣の創設者・女王）が巣穴を掘り、娘を育てて以降は女王が卵を産みながら、娘たちが巣の拡張と卵や幼虫の世話を行う。つまり家族＝社会性をもった花バチである。ファーブルが年老いて門番になったと考えていたのは、現役の雌（女王）だった。

コハナバチの繁殖は年に1～3回行われる。このハチの研究は、その後もフランス、アメリカ、日本などで続けられたが、重要な成果は、アメリカの昆虫学者ミッチナーと、坂上昭一によるものがある。坂上による『ハチの家族と社会――カースト社会の母と娘』（中公新書）ではファーブルと『昆虫記』に言及しつつ、その観察への尊敬と誤りの訂正、そしてシマコハナバチという和名をファーブルコハナバチと改訂するという提案もなされている。

ファーブルは、社会性昆虫に興味がなかったようで、ミツバチやアリの生活についての記述は少ない。ユベールなどのミツバチの優れた先行研究があったせいかもしれない。しかしコハナバチの観察は原始的な社会性昆虫の記録であり、第8巻18～21章では、スズメバチの仲間についても記されている。スズメバチは、女王を中心に不妊雌の労働者《ワーカー》が共同で家族の面倒をみる真社会性昆虫である。『昆虫記』で昆虫の社会性に触れられているのは、これらの章だけである。

▲セイヨウミツバチ。　▼コシブトハナバチ。

糞虫

糞虫《ふんちゅう》は動物の糞《ふん》を食物とするコガネムシ（鞘翅目《しょうしもく》・甲虫類）の仲間である。コガネムシは前翅《ぜんし》（鞘翅《しょうし》）が甲羅のように固く、身を守るために役立つため、甲虫《こうちゅう》とも呼ばれる。この仲間は、ハチの仲間と同様に種《しゅ》が多い。幼虫・蛹《さなぎ》・成虫と完全変態《かんぜんへんたい》で成長し、幼虫時代と成虫時代の食物が変わるものもある。食物は種ごとにさまざまで、植物の葉や枯れ葉、花粉や花の蜜、キノコ、他の昆虫やその死骸《しがい》を食べるもの、そして他の動物の糞を食べる糞虫（食糞類《しょくふんるい》）がいる。92頁であつかったタマオシコガネ（スカラベ）も糞虫の仲間に含まれる。ここで説明するのは、玉を転がさない（糞を運搬しない）糞虫のことである。

哺乳類の糞は、単なる食物の滓《かす》ではなく、体内で代謝された細胞の残骸などを含み、栄養豊富なため、昆虫のよい食物となる。多くの糞虫は、頭部の一部がヘラ状になった頭楯《とうじゅん》をもち、糞に潜り込やすい体形をしている。

ファーブルは第1巻で糞塊の直下の地面に巣穴を掘るイスパニアダイコクコガネに触れ、さらに続く巻でエンマコガネの仲間、センチコガネの仲間、ミノタウロスセンチコガネの生態を詳述する。特にこれらの糞虫は、巣穴掘り、幼虫の食物となる糞集めなどを雌雄が協力して行う。その活動期や役割分担なども詳しく観察されている。

ミノタウロスセンチコガネについては家族総出で巣穴を掘ったり、飼育装置を作って長期間観察を試みた。南仏の灼熱《しゃくねつ》の夏のあいだ幼虫の食物となる糞が乾燥しないように巣穴が深く掘られることを突き止めている。

そして、これらの糞虫の働きにより、糞が地表から地中へ移動し、自然界の清潔が保たれていることに注目している。同様にシンジュコブスジコガネ、モンシデムシ、ハエ、ハネカクシ、エンマムシ、カツオブシムシなど、動物の死骸や糞を処理して大地の衛生を守る昆虫の姿を紹介している。

▲オオセンチコガネ（日本産）。　▼ウエダエンマコガネ（日本産）。

クモ

厳密に言えばクモの仲間は昆虫ではない。ファーブル自身も当然承知のうえで「分類学的には、クモは昆虫ではないと考えられている。だから、ナガコガネグモがここに登場するのは見当違いのようにも思われることであろう。だが分類学などこの際どうでもよい。脚《あし》が六本でなく八本であるとか、気管《きかん》ではなくて書肺《しょはい》をもっているとか、本能の研究において、そんなことはたいした問題ではないのである」（第8巻22章）と述べている。

昆虫とクモは、ともに節足動物門という全動物の8割以上が属している分類群に含まれている。この節足動物門はさらに、クモ、サソリ、ダニ、カブトガニ、ウミサソリ、ウミグモなどが含まれる鋏角亜門《きょうかくあもん》、ムカデ、ヤスデ、コムカデ、エダヒゲムシなどが含まれる多足《たそく》亜門《あもん》、エビ、カニ、オキアミ、フジツボ、ミジンコなどが含まれる甲殻亜門《こうかくあもん》、昆虫、トビムシ、カマアシムシ、コムシなどが含まれる六脚亜門《ろっきゃくあもん》からなっている。

このように昆虫とクモの関係をみると、両者は共通の祖先をもちながら互いに別の進化をとげ、クモは昆虫よりもむしろサソリやカブトガニに近いということになる。クモが含まれる鋏角亜門は、昆虫の口器《こうき》（大《おお》顎《あご》・大腮《おおあご》）にあたる部分の先端が、鋏状《はさみじょう》になっている。

クモと昆虫の体の違いは上記にあるように、口器（顎《あご》の構造）の違いによるものだが、もっと大雑把には、昆虫は、体が頭部、胸部、腹部の3つに分かれ、脚が胸部から6本はえている。それに対し、クモは頭部と胸部が1つになった頭胸部《とうきょうぶ》と腹部の2つに分かれ、脚は頭胸部から8本はえているという違いがある。

眼の数は、昆虫の場合、大きな複眼が2つで、単眼が3つ、あったりなかったりする。クモの場合はすべて単眼で、通常8個、種によって2、4、6個というのが特徴である。

いわゆるクモの巣、つまり造網性《ぞうもうせい》のクモの網《あみ》の形式は、円網《えんもう》、皿網《さらあみ》、棚網《たなあみ》、条網《すじあみ》、不規則網、天幕網などさ

▲水辺に張られた円網に陣取るナガコガネグモの雌。

まざまに分類されている。網を張らない徘徊性《はいかいせい》のクモも、自分が隠れるための簡単な巣は作るものが多い。

ファーブルは、クモの網を人間が作る罠《わな》以上のものとして高く評価している。道具を作り、それを利用する生物としても、クモはごく身近でありながら、実はきわめて珍しい生態をもつ存在なのだ。

クモの触肢《しょくし》や歩脚《ほきゃく》の背面には一ミリ以下の感覚毛が生えていて、30センチ先のハエの足音を聞きわけることができるという。これを聴毛《ちょうもう》という。さらに脚先では匂いやフェロモンを感じることができ、触っただけで獲物か否かを識別できる。雄の場合ならば、雌が木や地面に残していったしおり糸《いと》（牽引糸《けんいんし》）から性フェロモンを感じとり、それをたよりに配偶者を追跡することもできる。このようにクモの脚は非常に優れた感覚器官なのである。

ファーブルは第9巻7章でクモの聴覚を調べるために花火の爆音のさなかに、そのようすを観察しているが、クモの行動に変化は見られなかった。これはクモの生活に必要のない大きな音で、実際にクモが感知する必要があるのは、網にかかった虫の羽音や、同性および異性の足音なのである。それはファーブル自身も

「かかった虫から発せられる振動と、風が吹いて引き起こされた単なる揺れとを聞きわけている」（第9巻9章）と述べている通りである。

『昆虫記』の第2巻11章にはナルボンヌコモリグモが出てくる。このクモはヨーロッパ最大種で、網（巣）を張らない徘徊性のクモである。実は次の章で、このクモを獲物とする狩《か》りバチのオビベッコウを紹介するために配置されたもののようで、本種についての詳しくは、他のクモやサソリが記述される第8巻23章、第9巻1〜3章で解説されている。ヨーロッパ最大のクモと言ってもアフリカや南米に分布する掌《てのひら》のような大きさのオオツチグモ科とは違い、体長が3センチ（脚を入れても10センチくらい）のものである。

雌が卵の入った袋（卵嚢《らんのう》）を腹部にぶら下げ、仔《こ》グモが孵化《ふか》すると背中に乗せて保護するため子守蜘蛛《こもりぐも》の名がある。本種は、咬《か》まれると踊りが止まらなくなる舞踏病を発症するという迷信をもつタランテラコモリグモの近縁種である。

クモは恐ろしい毒をもつという「常識」があるが、ゴケグモなどのわずかな例外を除けば、全世界に生息するほとんどのクモの毒は、人間にとっては無毒といってよいほど弱いものである。この毒は獲物を麻痺《まひ》させるものであり、消化液でもある。クモは、捕らえた獲物の体内に牙《きば》で消化液を注入し、内部の組織を溶かして、これを吸引する。そのため獲物の体はからからになってしまう。このような摂餌法《せつじほう》は、体内に取り込むまえに消化が行われているため、体外消化と呼ばれる。

コガネグモの仲間は、立派な円網（巣）を張る仲間で『昆虫記』にはナガコガネグモ、ニワオニグモ、ナナイボコガネグモが登場する。第9巻6〜12章で網の張り方、糸の粘着物質、獲物の捕らえ方、巣の構造、繁殖、巣を交換する実験などが語られる。円網は放射状に広がる糸が縦糸で、螺旋状《らせんじょう》に渦を巻く糸が横糸と呼ばれる。横糸には紡績腺《ぼうせきせん》から分泌される粘液が塗布され獲物を捕らえるのに役立つ。この粘液は横糸に塗られると表面張力によって部分的に集まり数珠状《じゅずじょう》の粘球《ねんきゅう》になる。ファーブルも実験で確かめているように吸湿性が高く、そのため網が炎天下に晒《さら》されていても、空気中の水分を得て粘着性を維持するために役立っている。

クモの糸の太さは平均で0・0005から0・01ミリほどである。カイコの吐く絹糸《けんし》が0・02ミリ、人間

▲巣穴から出てきたナルボンヌコモリグモ。　▼卵嚢から出た仔グモが母親の背に乗る。

の頭髪が0・08ミリほどであるので、クモの糸がいかに細いものであるか実感できるだろう。したがって1本だろうが2本だろうが、実際にはその差は肉眼ではほとんど確認できない。仮に光の加減でクモの糸が1本に見えても、それは対になった紡《つむ》ぎ疣《いぼ》（出糸突起《しゅつしとっき》の集まり）から出されるものなので、常に単糸（モノフィラメント）が複数本くっついた状態であることが普通である。

たとえばニワオニグモは、3対6個の紡ぎ疣をもち、それぞれについている出糸突起を合計すると2000個にもなる。多くの出糸突起が複雑に協同して働くことで、さまざまな形状の糸が紡がれる。同じ円網を張るジョロウグモ科のジョロウグモの出糸突起は500個ほど、また、徘徊性のアシダカグモ科のアシダカグモでは400個ほどという。

クモは卵を卵嚢《らんのう》と呼ばれる糸で作られた袋に産みつける。ファーブルは、第9巻4章でナガコガネグモの卵嚢の作り方を観察しているが、いくつかの誤解がある。ファーブルは袋を作り、卵を産み、蓋《ふた》をするという説明をしている。しかし実際には蓋を作り卵塊をこれに押しつけ、そのまわりを糸でくるむ、というものである。つまり最後に卵嚢の外被《がいひ》が作られるのだ。

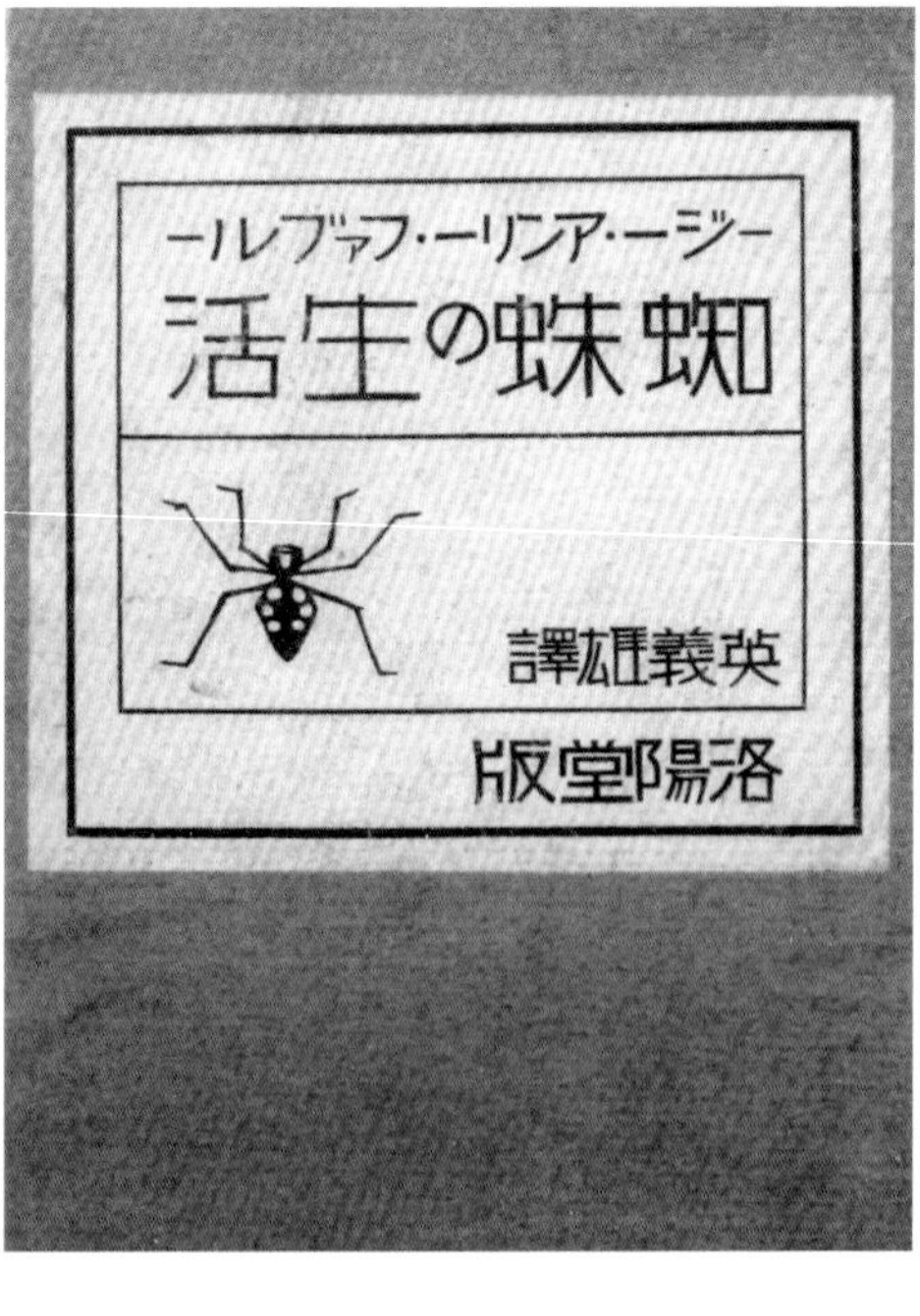

『昆虫記』第9巻に登場するナガコガネグモ、ニワオニグモ、シロアズチグモ、イナヅマクサグモ、クロトヒラタグモ（ヒラタグモ）は日本でも見られるので観察の手引きになる。

第9巻10章は数学好きのファーブルらしくクモの網（巣）の構造を幾何学で説明している。すこし遠慮がちに「この章を削ってしまおうか」などとも書いているが、それとはうらはらに、実に活き活きとクモに数学

▲花で待ち伏せしてミツバチを捕まえたシロアズチグモ。

を語らせている。

ちなみに日本で最初にファーブルが翻訳されたのは一九一九年（大正八年）に洛陽堂《らくようどう》からジー・アンリー・ファブル著『蜘蛛の生活』（右頁）として出版されたもので、訳者はキリスト教の神父 英《はなぶさ》 義雄《よしお》（一八九一―一九八三）である。翻訳の原書となったのは、一九一二年に刊行されたオランダのジャーナリストのマトス（一八六五―一九二一）による『昆虫記』のクモや狩りバチなど、虫の仲間ごとに編まれた全9巻の抜粋英訳本のうちの一冊『The Life of the Spider』だ。ここには第9巻から採録された13の章に加えて、第2巻11章（ナルボンヌコモリグモ）、第8巻22章（ナガコガネグモ）、同23章（ナルボンヌコモリグモ）の計16章が掲載され、補遺として10章も掲載されている。

しかし英義雄が翻訳した『蜘蛛の生活』には10章が訳出されていない。おそらくファーブルの高等な数学の説明（第9巻10章を是非お読みいただきたい）が翻訳しきれなかったのではないだろうか。英義雄に『蜘蛛の生活』の存在を教えた人物は、大杉榮に『昆虫記』の存在を教えた賀川豊彦《かがわとよひこ》（一八八八―一九六〇）であった。賀川は英と同じキリスト者である。

サソリ

サソリもクモ同様に昆虫ではなく、節足動物門という全動物の８割以上が属する仲間に含まれている。

節足動物門はさらに、クモ、サソリ、ダニ、カブトガニ、ウミサソリ、ウミグモなどが含まれる鋏角亜門《きょうかくあもん》、ムカデ、ヤスデ、コムカデ、エダヒゲムシなどが含まれる多足亜門《たそくあもん》、エビ、カニ、オキアミ、フジツボ、ミジンコなどが含まれる甲殻亜門《こうかくあもん》、昆虫、トビムシ、カマアシムシ、コムシなどが含まれる六脚亜門《ろっきゃくあもん》からなっている。同じ節足動物に属しているもののサソリは昆虫よりもクモに近い仲間である。

サソリの仲間は、熱帯を中心に世界に約１６００種が知られている。このうち致死的な毒をもつ種《しゅ》は20〜30種であるという。日本人にとってサソリは星座やお話の世界で知る生き物だが、実は日本にもマダラサソリとヤエヤマサソリの2種が分布している。

ヤエヤマサソリは、その名のように八重山諸島の森林に棲《す》む30ミリ程度の黒いサソリで、人間に対する毒性もほとんどない。マダラサソリは先島諸島《さきしましょとう》に分布する40〜60ミリ程度の茶色いサソリである。いずれの種も日本固有というわけではなく、東南アジアに広く分布している（小笠原にもマダラサソリが分布するが、近年荷物などにまぎれて定着したものらしい）。

『昆虫記』に登場するのはフランスに分布する60〜80ミリのラングドックサソリと、35〜45ミリのクロサソリである。後者の毒は、ごく弱いものである。

『昆虫記』第9巻で17〜23章にわたって紹介されるのはラングドックサソリである。ファーブルは自分では刺されたことはないが、第7巻3章でこのサソリに刺された樵《きこり》の話を紹介している。それによると死ぬことはないが、ふくらはぎを刺されると「３日ほどはちゃんと立てない」という。

ラングドックサソリは、キョクトウサソリ科に属し、本科は全サソリ目の半分ほどを占める大所帯の仲間である。現在ではキョクトウサソリ科の全種は、特定外

▲石の下に隠れていたラングドックサソリ。基本的に夜行性の生き物である。

来生物法によって日本への輸入が禁止されている。在来種とされるマダラサソリの扱いは微妙で、環境省では特定外来生物に含むという見解を示している。

ファーブルはサソリの繁殖について観察を繰り返しているが、肝腎なところを観察することができなかった。サソリの雄は鋏《はさみ》で雌の鋏をつかんで引いたり押したり体全体を前後させて「ダンス」を踊るような仕草をする。これはあらかじめ雄が精子の詰まった精包《せいほう》(精子の入ったカプセル)を石の上などに置いておき、ここに雌を誘導しているのである。いわば繁殖行動の核心で、雄の精子を雌の体内に取り込ませる行動である。陸上で行われる体外受精といってもよいだろう。

仕草が面白いため、このサソリのダンスは古くから知られていた。ディズニーの映画『砂漠は生きている』(一九五三)にもサソリのダンスが繰り返し登場するが、その動きはやや誇張されたものである(フィルムの逆回しなどをしている)。

深夜に繰り広げられる、やや複雑なサソリの繁殖行動を、電気がまだ家庭に届いていないファーブルの時代に、ほのかなランタンの明かりだけで解明することは至難の業だったはずである。

本能と知能

本能とは、生物が生まれながら（生得的《せいとくてき》に）もつ行動調節機能のことをいう。『昆虫記』の副題「昆虫の本能と習性に関する研究」にあるように、ファーブルにとって「本能」とは『昆虫記』全体を貫く主題である。

進化論者は本能は変化すると考え、ファーブルは本能は変化しない固定的なものであると考えていた。「本能」に対する言葉としては「知能」がある。「本能」は固定的、「知能」は変化するものと捉えられがちだ。しかし両者の定義は時代によって「揺れ」がある。

動物の行動を規定する原理＝本能については、古くから考察が重ねられてきた。13世紀の哲学者トマス・アクィナスは動物に自由な裁量はなく、自然に賦与されたものが本能だと考えた。デカルトは行動を調節する源である本能は神が授けたものだと定義した。チャールズ・ダーウィンは、動物が生まれながらにもつ能力、すなわち反射（刺激に反応する無意識の行動）の連続であり、それは自然選択（自然淘汰《しぜんとうた》）により、体のつくりなどとともに進化してきたと考えた。

ファーブルとダーウィンは、ほぼ同時代に生き、交流もあったが、本能に関する見解は大きく違っていた。ファーブルは、複雑な行動を司《つかさど》る本能は、自然選択などで培われるほど単純ではないと考えていたのだ。この考えは、『昆虫記』を通じて繰り返し表明される。

『昆虫記』では第1巻19章をはじめとして、昆虫の本能の驚くべき能力と、それと表裏一体をなす驚くべき無能力についてたびたび論じている。ファーブルは、昆虫の行動に対して実験的に介入し、その行動がまったく無意味なものになってしまうことを証明した。高度に洗練された昆虫の行動が、知能の存在を前提にしなくても説明できると考えていたのである。

ハナダカバチは非常な遠距離から、自分の巣穴のあるところまで難なく帰り着き、また、砂地の真ん中の、人間の目では他の箇所とまったく見分けのつかない巣の戸口を、ひと目で見つける能力をもっている。とこ

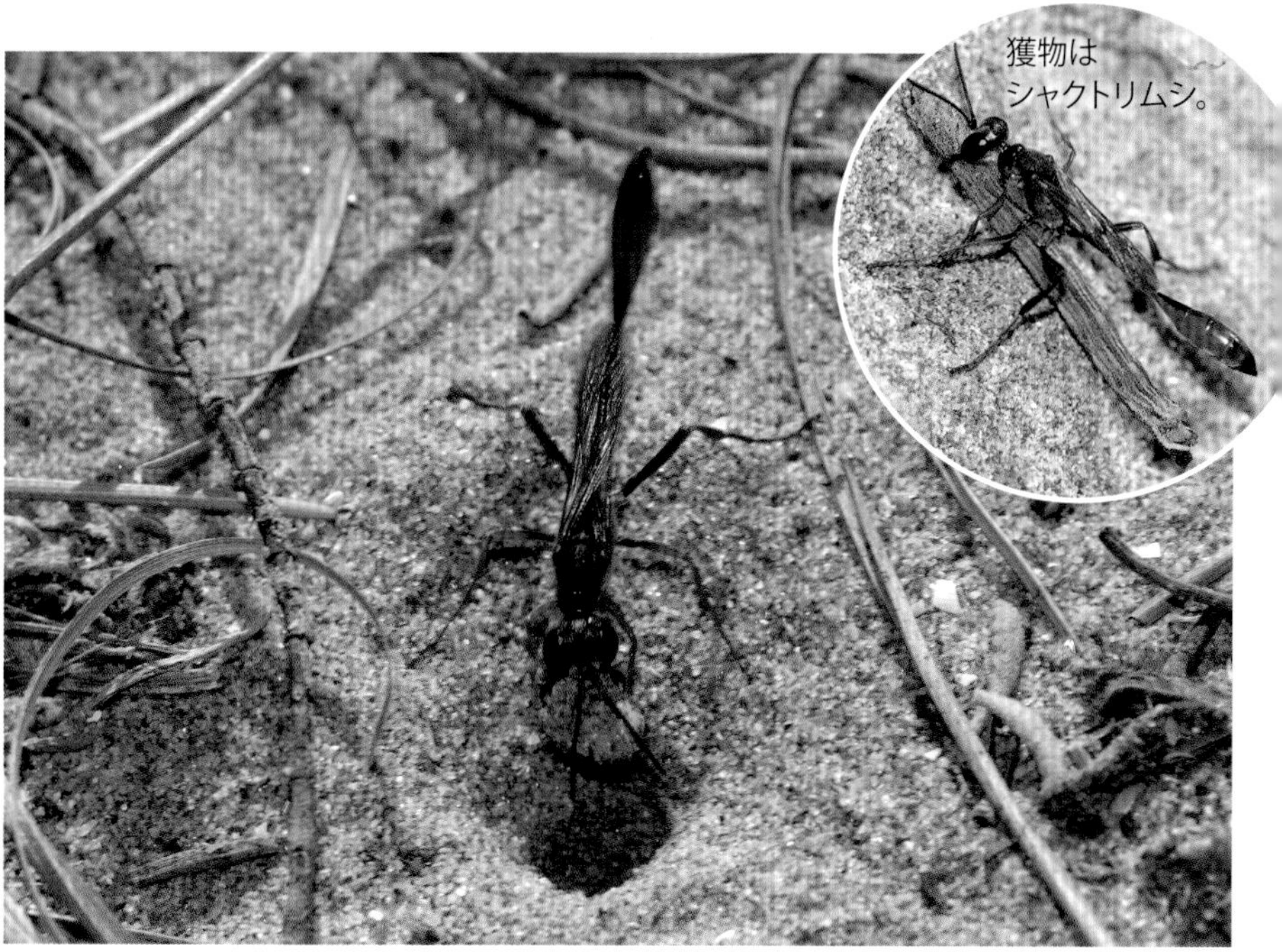

▲ジガバチが獲物を運び（右上）巣穴に収納し入口を塞ぐ。　▼巣の痕跡はなくなる。

ろが、巣の戸口を壊されてしまうと、目の前に自分の幼虫がいてもそれを識別することができずに見殺しにしてしまう。

このような本能の無能さについてファーブルは、昆虫の行動は順序の固定した連鎖的なものだと考えており、巣を暴《あば》かれていつもの戸口が見つからなければ、ハチは次の行動に移ることができないのだと推測する。

狩《か》りバチや花バチの巣作りや子育てなど精緻で驚くべき行動は、すべてひと続きになっている。そして、一つの行動が現われることで次の行動が引き起こされるのだ、とファーブルは考える。そのため、予期せぬ事故が起こると、傍目《はため》には無意味で滑稽にみえることを繰り返すと、何回も実験で確かめている。ファーブル自身は、昆虫に知能がなくても、連鎖的に発現する行動によって、昆虫の生活がなりたっていると考えていたのだ。そして、その複雑な行動を司っているのが本能だというわけである。

ファーブルは、習うことなくできる行動を本能と定義する。現在の動物行動学で言うところの生得的行動であろう。教えられて学んだ行動は子孫に伝わらず、したがってこれは本能とは言えず、進化を証明することにならないと考えるわけである。そして進化論者は、学んだことが子孫に伝わる、という誤った考えをもつとファーブルは断じている。

人間の学習と昆虫の行動の進化を同列に語るのは無理があるが、すべての行動が生得的であったなら、わずかな環境変化だけで、種《しゅ》は滅んでしまうことになり、進化論を認める、認めないにかかわらず、種の生存を脅やかすことになる。

ファーブルがなぜ、昆虫に知能がなく、すべての行動原理を本能に帰納させるのかは、ファーブルを研究する際の非常に大きなテーマである。その一つには、進化論の勃興が考えられる。進化論は、たんに生物が姿を変えて「進化」するだけではなく、動物の「知能」についても進化すると述べているからである。進化論が発表される以前、動物の行動とは盲目的な本能で調節されていると考えられていた。

しかし、進化論は動物に知能（知性）を見出し、程度こそ違え、人間と動物は同じような生物であるという考えを提出したのである。ファーブルが進化論を目の敵《かたき》にする一つの原因は、こういったところにもあるのだろう。

115頁のジガバチの巣を掘る（右上）と、坑道の底に2匹のシャクトリムシが見つかった。

道しるべ

ファーブルは猫が家へ、ハチが巣へ迷わずに戻ってくる能力を「場所を識別する本能」や「地理的本能」と呼んで興味をもった。またアリが巣へ、オオクジャクヤママユという蛾《が》（ガ）の雄がどこからともなく磁石に引かれるように雌のもとへ集まってくる能力についても「知らせの発散物」「導きの物質」があるのではないかと実験を繰り返した。ファーブルは、それは匂いではなく、当時発見されたばかりのエックス線のような、未知の物質の可能性を考えていた。

今ではハチの帰巣《きそう》行動は、広い範囲では太陽の角度（太陽コンパス）や地磁気や視覚、そして巣に近づいてからは視覚やフェロモンなどを段階的に利用して定位《ていい》（位置確認）していること、アリについてはフェロモン、蛾についてはフェロモンと視覚の段階的利用であることがわかっている（今後さらに細かい別の感覚が利用されていることが明らかになる可能性もある）。

オオクジャクヤママユなど蛾の雄が、遠く離れた雌のもとに飛来するようすを観察し、なぜ雄は雌の存在を知ることができるのか、その未知の感覚を知るために、やはり4回の実験を行っている。当時はまだフェロモンは発見されていなかった。ファーブルは最初「嗅覚《きゅうかく》」が関与しているのではないかとアリと蛾で実験していたが、彼の行った実験の精度では嗅覚が帰巣に関与していることを特定できなかった。

匂いも、フェロモンと同じように空気を漂ったり、物に付着したりする化学物質である。しかしそれがごく微量ならばファーブルがしたように自分や息子がいくら嗅《か》いでも、それを感じることはできないだろう。

受容器官（蛾で言えば雄の触角）を取り除くなどの実験は、触角がなんらかの「はたらき」をしているのではないかという仮説を検証するという意味で、筋の良い実験なのだが、結果の解釈を間違えてしまったようだ。「触角の切除はどうやら相当重大なことであるらしい」（第7巻23章）と自ら書いているのに、だ。

▲ヤママユガ（日本産）。 ▼実験に使ったオオクジャクヤママユの雌の飼育装置。

ただしファーブルの研究の良いところは、実験方法と結果が正確に記録されていることである。つまり後から他人が検証できるため、実に科学的な研究なのである。そして現在の愛読者は「ファーブルさん惜しい！」と思ってしまうのだ。

その感覚が嗅覚、つまり匂いに関係しているという可能性を感じつつも、自分の鼻では感じとることができないため「きわめて微量なもので、人間には絶対に感知できないけれど、それでいて人間よりも鋭い嗅覚をもつものには印象を残すことのできるような、そんな発散物が存在するのであろうか」（第7巻23章）と述べている。これはまさにフェロモンの存在を予言しているわけで見事な洞察だ。ファーブルが蛾を観察していたのは一八九三年頃と推測される。フェロモンは一九三九年にドイツ人の生化学者ブーテナントによって発見され、ノーベル化学賞を受賞している。

アリが自分の巣に戻る道しるべに、匂いが関与しているのではないかという通説に対し、繰り返し検証実験を行い、この時点では、つむじ曲がりの本領を発揮して「匂い説」を否定している。

ハチの帰巣については、観察と実験、そして結果への考察を繰り返していく。帰巣という行動を、ひとまとまりのものではなく、記憶や地理を把握する能力など、いくつかの要素に解きほぐして論考を進める部分は、正統派の学問を感じさせる。つまり、目的、方法、操作、結果、考察という基本的な実験の手順がきちんと踏まれているのだ。ノーベル化学賞を受けた福井謙一（一九一八―一九九八）が『昆虫記』を愛読していたというのも納得できる。

鳥のように、餌のハエを日に何度も幼虫に給餌《きゅうじ》するハナダカバチの帰巣能力には定評があり、ファーブルはヌリハナバチとともに実験を行っている。

エイグ川で捕らえたヌリハナバチを4キロ離れた自宅の荒地《アルマス》から離す実験では、帰巣がどんな能力に導かれるのかを突き止めるために、ハチにさまざま「邪魔」をしかけてそれを確かめようとしている。その一つがダーウィンと文通を通じて相談していた「猫を袋に入れて振り回すと家に戻れない」（第2巻8章）というもので、ハチを袋に入れて振り回したりしている。また未知の4キロ離れた場所から離されても巣に戻る能力があるのに、もとの巣の方を数メートル動かしただけで、ハチは迷子になってしまうことも確かめている。

▲日に何度も給餌するハナダカバチ。　▼砂地に降りたところが巣穴の入り口。

変態

変態とは動物が成長にともなって姿を変えてゆく現象のことである。オタマジャクシがカエルになるように、ホヤやクラゲ、エビやカニ、クモやサソリそして昆虫で広く見られる。昆虫の場合、幼虫がまったく姿を変えないまま成虫になる無変態《むへんたい》（シミとイシノミのみ）、幼虫から蛹《さなぎ》にならずに成虫になる不完全変態《ふかんぜんへんたい》（バッタやセミなど）、幼虫・蛹・成虫と成長する完全変態《かんぜんへんたい》（チョウやカブトムシなど）という3種の変態が知られている。

昆虫は卵から孵化《ふか》すると、幼虫は体が大きくなるごとに脱皮をして成長していく。昆虫の種《しゅ》によって脱皮の回数は決まっており、それぞれの成長段階を齢数で表わす。卵から孵《かえ》ったばかりの幼虫は一齢《れい》幼虫で、一齢幼虫が一回脱皮すると二齢幼虫となる。決まった齢数最後の幼虫（終齢《しゅうれい》幼虫）で最大に育った状態のものを老熟幼虫と呼ぶ。老熟幼虫になると不完全変態のものは成虫に、完全変態のものは蛹に変態する。

ファーブルは完全変態を行う鞘翅目《しょうしもく》（甲虫類）のツチハンミョウやゲンセイの成長を観察していて不思議な現象を発見した。それは幼虫の段階で一度蛹のようになり、ふたたび幼虫の姿にもどり、そして本当の蛹になって成虫に羽化《うか》するという成長過程であった。ファーブルはそれらの幼虫の期間を、第一幼虫、第二幼虫、擬蛹《ぎよう》、第三幼虫と名付け、通常の変態のうえに、さらにまた変態を行っていると考えて、このような成長過程を「過変態《かへんたい》」と呼んだ。

ハンミョウもゲンセイもハチに寄生する昆虫である。ハンミョウの孵化したての幼虫は花の上で蜜や花粉を集めにやってくるハチを待ち伏せし、その体に取り付いてハチの巣へ侵入する。このときは脚をもつ活動的な姿（一齢／第一幼虫・三爪型《さんそうがた》幼虫）だが、巣に侵入してハチが蓄えた蜜やハチの卵を食べるようになるとイモムシ（二齢／第二幼虫）のような姿になる。育ちきった第二幼虫は体の皮の中で蛹のような姿（擬蛹）

幼虫から成虫に変態（羽化）するオオナミゼミ。羽化直後でまだ体に色が付いていない。

になる。ファーブルはこの擬蛹の内部を解剖して、外側は蛹のようだが内部の器官は幼虫のものであることを確認している。さらに擬蛹の中で第三幼虫、そして蛹へと変態し、最終的に羽化する成虫は内側の蛹の殻、そして外側の擬蛹の殻をやぶって外へ出てくる。

　過変態を行うツチハンミョウの幼虫は、第二幼虫の段階で食べるだけ食べ、擬蛹になってから、第三幼虫、蛹のあいだは、いっさい食物を摂《と》らない。ファーブル以後の研究では、第二幼虫の段階で、4回脱皮して、五齢幼虫を経て擬蛹の姿になることが知られている。

　ツチハンミョウの幼虫は、わずかなチャンスを次々にとらえてハチの巣に辿《たど》り着《つ》く。実際にはハンミョウの第一幼虫が孵化する季節には雄バチが多く、ハチの巣に侵入するためには、雄バチが雌バチと交尾するときに雄から雌の体へ素早く移動しなければならない。なぜなら巣に入るのは母バチだけだからである。当然ほとんどの幼虫がハチの巣まで辿り着けないことは想像できることで、そのため1匹の雌のツチハンミョウは4000〜6000もの卵を一斉に孵化させ、僥倖《ぎょうこう》を頼むのである。

　ファーブル以後の研究（桝田長「ツチハンミョウ物語」、岩田久二雄他編『日本昆虫記』〈甲虫の生活〉所収・講談社）では、一頭のハチに平均10匹、多い場合は50匹ものツチハンミョウの幼虫がとりついている例が紹介されている。また、雄バチから雌バチに移る段階で、雄から離れられない幼虫が多く、ここでも大半の幼虫が目的を達することなく死んでしまうという。また最初の花の上では、目的の雄バチでなく、チョウやハナムグリなどにとりついてしまうツチハンミョウの幼虫も多いらしい。

　過変態は、鞘翅目（甲虫類）のツチハンミョウやゲンセイなどの甲虫のほかに、撚翅目《ねんしもく》（ネジレバネ類）のすべて、脈翅目《みゃくしもく》のカマキリモドキなどでも見られる。いずれの目でも、過変態をするものは、寄生生活をおくる種であり、その若齢の幼虫は活動的な脚をもつ姿かたち（三爪型幼虫）で、やがてイモムシ型になるという生活史が共通している。しかし変態の過程で擬蛹という不思議な段階をもつその理由については、まだよくわかっていない。現在のようにハチの巣に寄生をするようになるまでに、ツチハンミョウもまた別の生活史をもっていて、そのために必要であったことの、名残りである可能性も考えられる。現在のところ過変

▲幼虫がハチに寄生するツチハンミョウ。ファーブルはこの虫で過変態を発見する。

態は、寄生先の宿主《しゅくしゅ》に辿り着くまでは活動的な形態をし、宿主に取り付いてからは栄養を蓄積するために体の無駄な部分を省くという、寄生生活への適応だと考えられている。

一八六八年、文部大臣ヴィクトール・デュリュイの尽力で、ファーブルがナポレオン三世に拝謁《はいえつ》したときも、短い「御前講義」でファーブルが話題にしたのは、この「ツチハンミョウの過変態」のことであった。

ツチハンミョウ科のツチハンミョウやゲンセイの仲間、カマキリモドキ科の仲間は、体にカンタリジンという強い毒をもっている。毒はすなわち薬にもなるということで、この虫が媚薬《びやく》や毛生え薬になるという迷信が生じた。しかしカンタリジンは致死的な毒をもつので注意が必要だ。

日本にはハンミョウ科のハンミョウがいる。山道などで人が歩くと、その先に向かってパーッと飛ぶ。そのようすが道を案内しているようなので「道教え」という別名をもつ。これは地面で虫を待ち伏せして捕食する甲虫で、大きな目、大きな顎《あご》、そして全身が美しい色に彩られた姿をしている。まぎらわしい名前だがツチハンミョウ科は有毒、ハンミョウ科は無毒である。

寄生者

昆虫の世界には寄生者が多い。寄生者に寄生する（二次寄生）だけでなく三次寄生、四次寄生も知られる。正直者のファーブルは昆虫を観察しながら「なぜ略奪されるものがいるのか」と、いつも納得のいかない風である。しかし昆虫の観察をしていれば寄生現象はさけて通れないもので『昆虫記』でも主人公の虫の話をしつつ、最後にはその寄生者を記述することが多い。

寄生とは、複数の生物が互いに関係をもって暮らしているとき、特定の種《しゅ》が利益を得ている状態を指す。利益を得る側を寄生者《きせいしゃ》といい、寄生される側を宿主《しゅくしゅ》という。寄生者は、宿主を食物や住む場所にし、移動の手段にしたりするなど恩恵をこうむる。食物だけでなく、サムライアリが他種のアリを使役させたり、ハチが他人の巣を乗っ取ることなどは労働寄生と呼ばれる。

寄生者は、特定の宿主をもち、さらに宿主の体内に特定の寄生場所をもっている。また、最終的な宿主（終宿主）に辿《たど》り着《つ》くまえに、中間宿主（待機宿主や媒介動物を含む）をもつものもいる。たとえば、クジラを終宿主とする寄生虫のなかには、オキアミや魚の体内で、クジラに食べられるのを待っているものもいる、という具合だ。また、寄生者に寄生する入れ子のような二次〜四次寄生とは違い、一種の宿主に別の寄生者が見られる場合は、二重寄生と呼んで区別される。

こうした寄生生物には、一般に複雑な生活史をたどるものが多く、その全貌が明らかになっているものは少ない。第2巻14〜17章にかけて語られる、ゲンセイやツチハンミョウの、ハチへの寄生生活はきわめて複雑で、どうしてこんな面倒《めんどう》な手続きを踏む必要があるのか首を傾げたくもなる。しかし、実際にはこれが、自然選択の結果選ばれた「道」だと考えられている。

寄生生活をおくる生物の存在は、ほぼあらゆる分類群で多発的に見られる現象である。これは「寄生」という生活形態が、生物の進化の過程で選択されやすい性質をもっているためだろうとされている。

▲巣に入るハナダカバチ。　▼巣の近くの枯れ枝の上で侵入の機会をうかがう寄生バエ。

雌雄の産み分け

ファーブルは、ワタムシ（アブラムシ）の観察で、雄が介在しなくても雌が子孫を残していく単為生殖《たんいせいしょく》について「呆《あき》れるような繁殖法」（第8巻10章）などと述べ、雄の存在理由について考える。またハチの幼虫が育つ小部屋（育房《いくぼう》）の大きさで、明らかに大きなもの（蜜や花粉がたくさん蓄えられている）と、そうでない小部屋があることが雌雄の産み分けではないかと気づいた。カベヌリハナバチでもそうであり、ツツハナバチ（第3巻18章）でもそうだった。

ファーブルは、体が大きくなる雌の卵には多くの食物が、体が小さな雄の卵には少しの食物が用意されるのではないかと予想する。もしそうだとしたら、母バチは自分が産んだ卵の性を知っていることになる。それはどういうことなのか、その前提としてファーブルは、第3巻16章で、卵の性が後天的に変わる可能性、つまり与えられる食物の量によって雌の幼虫になったり、雄の幼虫になるのではないかとも考察している。

ハチの雌は交尾をすると体内にある貯精嚢《ちょせいのう》に精子を貯めておく。卵管の中の卵子は、成熟すると輸卵管へ送られる。卵が輸卵管を通過するときに、貯精嚢から蓄えられた精子が出されると受精卵になり、貯精嚢が塞がれたままであると未受精卵になる。ハチの場合、受精卵からは雌、未受精卵からは雄が生まれる。つまりハチの雌は性別を区別して卵を産んでいることになる。ツツハナバチの観察では、巣の小部屋の大小に注目し、「情けない未熟児の雄を、多量の食料の助けを借りることによって、力強い雌に変えることができないものか……」と考え、食物の多い小部屋からは食物を減らし、食物が少ない小部屋には食物を増やす実験を行った。はたして前者からは痩せた雌が、後者からは普通の雄が羽化したのであった。

これらの実験からファーブルは卵の性は生まれたときから決まっており、その理由（生理的なメカニズムはともかく）後天的に変化することはないと確信する。

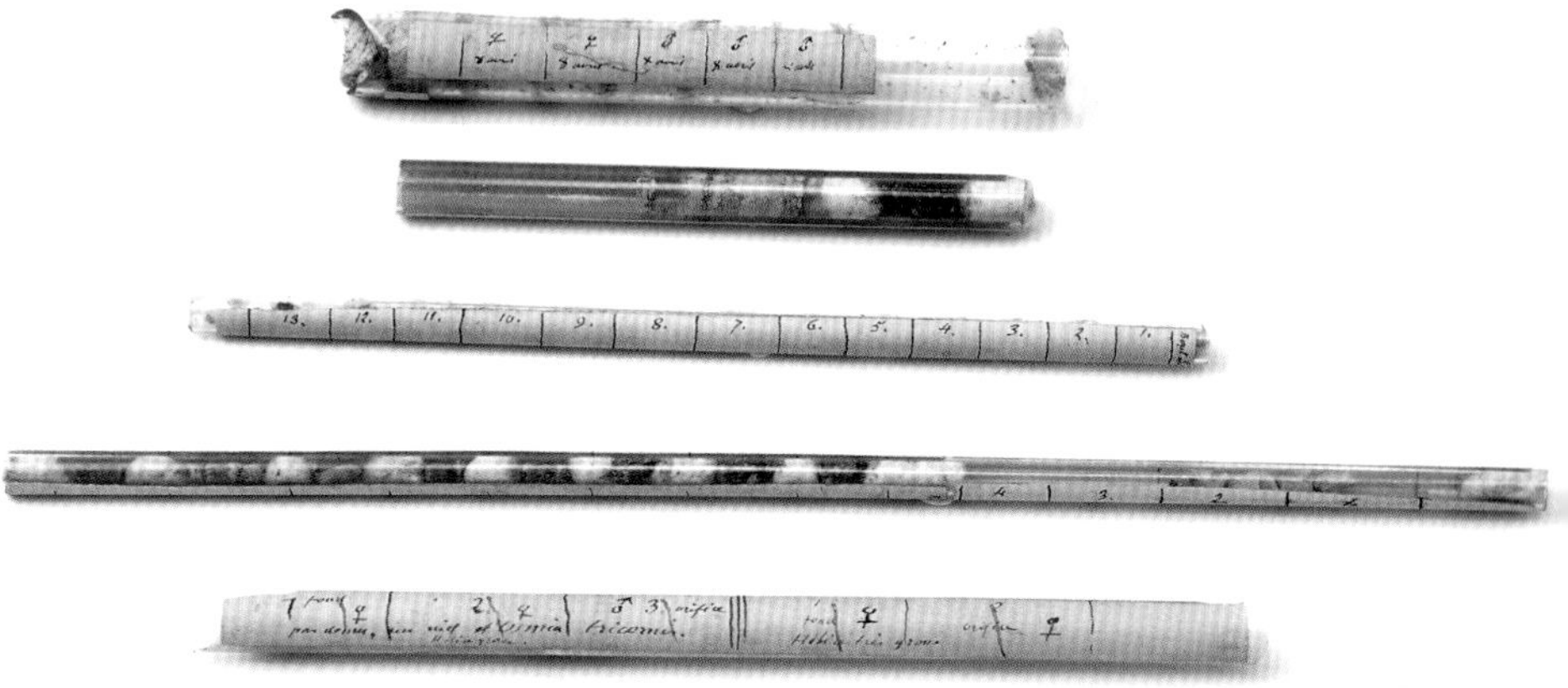

▲ツツハナバチの小部屋の大きさと羽化した性別を確認する実験。▼上の実験装置全体。

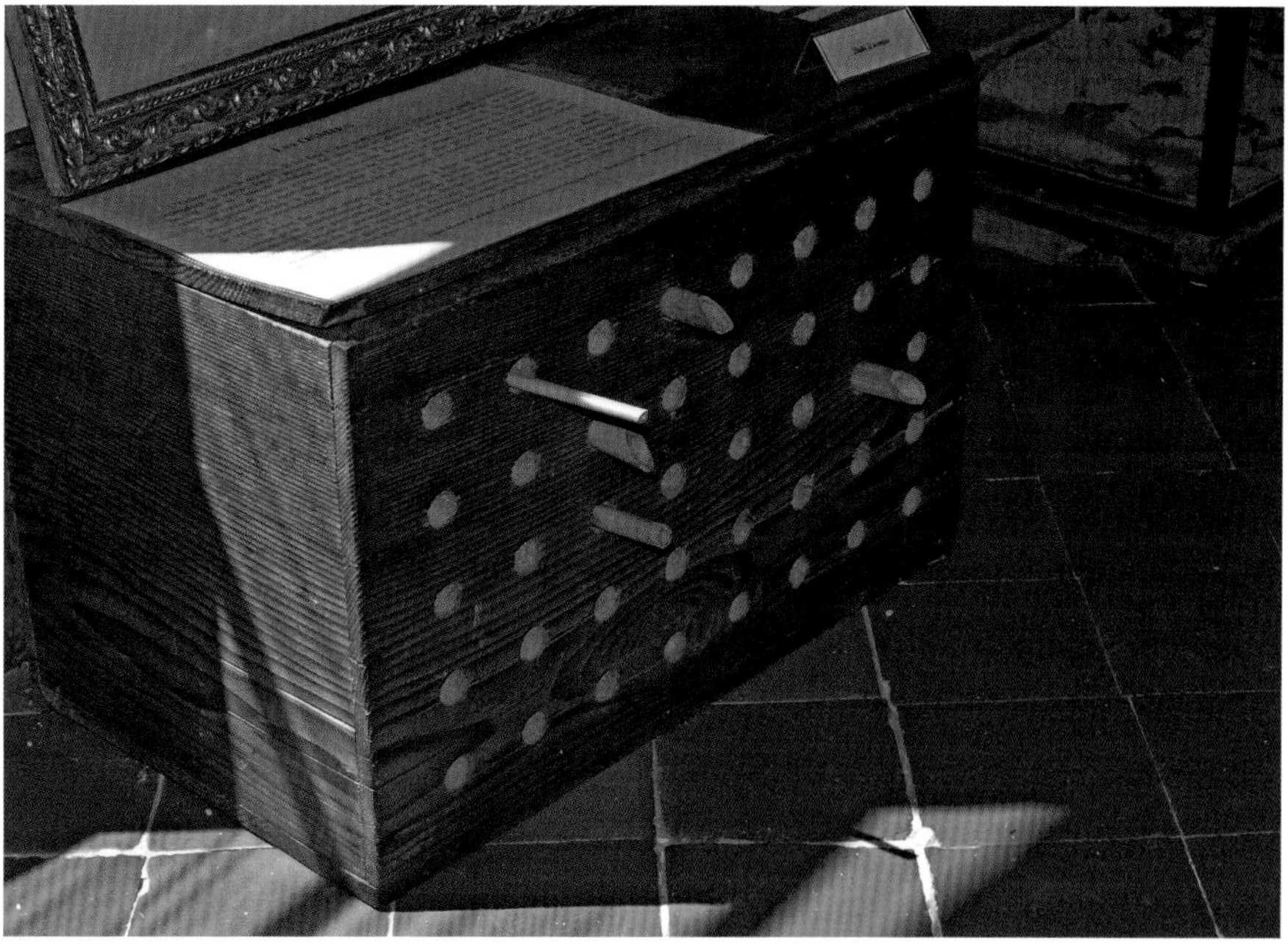

南仏のコート・デュ・ローヌは、シャトーヌフ・デュ・パプなどのワインで有名。

◉第4章

『昆虫記』完全読破！

よく読んでみると、すごい内容

◉『昆虫記』全10巻221章

ファーブルは一八七九年（56歳）のときに『昆虫記』第1巻を世に問い、その後約30年をかけて一九〇七年（84歳）に第10巻を刊行した。

引き続き第11巻の原稿に取り掛かってはいたが「齢《とし》をとって力が衰え、仕事をする手段を奪われてしまった。視力は弱り、ほとんどもう動くこともできなくなって、今後私がもっと長生きすると仮定したところで、もはやなにも付け加えることもできないであろうとおもう」（決定版・第1巻「序」）と記し、ファーブルは一九〇七年までに出した『昆虫記』旧版にかわり、新しい装いの決定版を出すことを決意する。

第11巻のために準備されていた「ツチボタル」「キャベツのアオムシ」は、その先が書き続けられず、この2本の草稿を第10巻に付録として加え、これまで出た10巻（旧版）に対して「非難された欠陥」つまり図版や

写真が一切ないという点について、息子ポール・ファーブルの撮影した200枚以上の写真を掲載すると述べている。

そして写真については「実際に、虫によっては直接、生態写真を撮ることがひじょうに困難である。（中略）そういうものについては、読者が少なくともその実際の姿をおもい浮かべられるように、（中略）その生態のままに標本を置くように努めた」（同前）としている。

当時の写真は先端技術ではあったが、感度が低く露光時間（シャッター速度）も時間がかかるため、動く生きた昆虫を撮影することはできなかった。そのためファーブル親子は自然やジオラマの中に昆虫標本を置いて「世界初の昆虫生態写真」を撮影したのである。

以下に紹介する各章の「あらすじ」は、決定版を底本にして翻訳された集英社版『完訳ファーブル昆虫記』二〇〇五～一七（奥本大三郎訳）を基にしてまとめた。

章タイトルについては、集英社版、岩波書店版

▲荒地《アルマス》のあるセリニャンの町の中央にあるファーブル座像（フランソワ・シャール作）。

一九三〇～四二？『完訳昆虫記』（山田吉彦／林達夫訳）、叢文閣版『昆蟲記』一九三〇～三四？（第1巻・大杉榮／第2～4巻・椎名其二／第5～6巻・鷲尾猛／第7～8巻・木下半治／第9巻・小牧近江／第10巻・土井逸雄訳）を併記した。それぞれ（集）（岩）（叢）と略して表記した。

なお叢文閣版には、初版、普及版、布装版があり、戦後に河出書房が三好達治らによる校訂を得て再刊されている（一九五三～五四）。

あらすじに用いた用語は、一般にわかりやすいよう適宜訳語にない言葉も用いた。なお、ファーブルの原稿の書き方は、本題に入るまえに落語で言うところの「まくら」があり、この部分も『昆虫記』の大きな味わいになっている。ここは「あらすじ」には漏れている部分が多い。あくまでも「あらすじ」は参考ということで、ぜひこれを手がかりに、それぞれの翻訳原稿を読んでほしい。

また、ファーブルの時代には明らかでなかったこと、ファーブルの勘違い、その後に明らかになったことなどについては、集英社版の訳注に解説されていることを申し添えておく。

◉『昆虫記』の始まりはタマオシコガネから

◉第1巻1章

▼スカラベ・サクレ——五月、レ・ザングルの丘で(集)
▼聖たまこがね(岩)
▼糞蟲スカラベ　サクレ(叢)

南仏の春、路傍の羊や馬の糞《ふん》にさまざまな糞虫《ふんちゅう》が集まっている。

タマオシコガネ（スカラベ／フンコロガシ）は糞球《ふんきゅう》を作り転がしていく。2匹で転がしていることもある。仲間と協力しあっているという説は本当か。それは製作者と泥棒だった。泥棒の手口。糞球を釘《くぎ》で転がせないようにすると虫はどうするか。

運ばれた糞球は、やがて地下の巣穴に運び込まれる。中を覗《のぞ》くとスカラベは巣の中で糞のご馳走《ちそう》を延々と食べ続けていた。

◉第1巻2章

▼スカラベ・サクレの飼育
——卵はいつ糞球に産みつけられるのか(集)
▼虫籠(岩)
▼大蟲籠(叢)

タマオシコガネ（スカラベ／フンコロガシ）が転がす糞球《ふんきゅう》の中に卵があるという。確認するために球を何百と開いてみた。卵はない。飼育して観察する。町中で人目をしのんで糞《ふん》を集める苦労。野外で幼虫の入った糞球を探す。見つからない。

別種ヒラタタマオシコガネの観察。糞虫《ふんちゅう》のなかでもスカラベだけ、なぜ前脚に跗節《ふせつ》がないのか。進化論の自然選択では説明できないのではないか。

◉ファーブルと昆虫学の出会い、それはハチ

◉第1巻3章

▼タマムシツチスガリ
——タマムシの狩人と腐敗しない死体(集)
▼玉虫つちすがり(岩)
▼玉蟲殺しのセルセリス(叢)

ある冬の夜、家族が寝静まった暖炉のそばで昆虫学の雑誌を読む。大昆虫学者レオン・デュフールが幼虫の

▲タマオシコガネの雌が転がしてきた糞球を巣穴に収納する。

食物として地中の巣にタマムシを蓄える狩《か》りバチ、タマムシツチスガリのことを書いていた。

なぜ巣の中のタマムシ（幼虫の食物）は、新鮮なまま腐らないのだろうか。大学者はハチが防腐剤を注射していると書く。

それにしても昆虫の死んだ標本を並べる研究ではなく、生きた虫の行動を研究する方法があるとは！　自分でも狩りバチを観察し、論文をまとめる。

この私にとって最初の論文はフランス学士院の実験生理学賞を受賞した。レオン・デュフールの論文を引用。カルパントラの郊外でタマムシツチスガリとおぼしき古い巣を見つける。

◉第1巻4章

▼コブツチスガリ
——なぜ決まった獲物だけを狩るのか（集）

▼こぶつちすがり（岩）

▼象鼻蟲狩りのセルセリス（叢）

幼虫の食物として地中の巣にゾウムシを蓄える狩《か》りバチ、コブツチスガリを観察する。獲物はすべて同じヨツテンハスジゾウムシだった。地下のゾウムシは、なぜ腐らないのか。獲物は本当に死んでいるのだろうか。

　ゾウムシは動かないが、関節はしなやかで内臓も正常だ。ベンジンやブンゼン電池で刺激を与えるとぴくぴく動く。ハチは硬い獲物の体のどこに針を刺すのか。狩りの瞬間がなかなか観察できない。巣の近くに獲物を置いたり、運んできた獲物をこっそり取り替えたりする。ついに観察に成功。その手際の良さは恐ろしくなるほどだった。獲物は雷に打たれたように動かなくなった。

◉狩りバチの行動を観察する

◉第1巻5章

▼コブツチスガリの狩り――解剖学を心得た殺し屋（集）
▼科学的な殺し屋（岩）
▼殺しの名人（叢）

小さなハチの幼虫の食物として地下に蓄えられるゾウムシは、長い期間にわたって新鮮さを保っている。それはハチの幼虫が蛹《さなぎ》に育つまでの保存食なのだ。


レオン・デュフールはその理由をハチが防腐剤を注射すると書いたが、私の観察では獲物は麻痺《まひ》状態にあると結論する。

　ハチが選ぶ獲物の理由。体の神経節が三つ集中する種《しゅ》。ハチは獲物の前胸《ぜんきょう》の前脚と中脚のあいだに針を刺す。ハチが獲物を刺した場所に針を刺して実験してみる。麻酔しやすい獲物、しにくい獲物がある。

◉第1巻6章

▼キバネアナバチ――空き巣ねらいとの戦い（集）
▼きばねあなばち（岩）
▼黄色い羽の穴蜂（叢）

幼虫の食物として地中の巣にコオロギを蓄える狩《か》りバチ、キバネアナバチを観察する。キバネアナバチはまず巣穴を用意する。坑道の先に幼虫の小部屋を作りコオロギを蓄え、卵を産むと入り口を塞ぐ。そして坑道から分岐した別の小部屋を用意する。

　キバネアナバチは獲物を巣に運び込むまえに、獲物を外に置き、自分だけがまず巣に入る。しばらくすると巣穴の横に置いた獲物を運び込む。これは寄生バエ

▲ツチスガリ。

を恐れているためなのか。あるいは、ほかの寄生者を用心しているのか。自分は二、三の推測しか提出することができない。

◉第1巻7章

▼キバネアナバチの狩り――暗殺者は三回刺す（集）
▼短刀の三刺し（岩）
▼短剣の三突き（叢）

キバネアナバチの狩りの瞬間を、コブツチスガリの実験観察で成功した方法で試してみる。巣穴に運び込む直前に、麻酔のかかった獲物と、かかっていない獲物をすり替えるのだ。

コオロギに襲いかかるキバネアナバチ。首、胸部、腹部と3回針が刺し込まれる。ミツバチの針と狩《か》りバチの針の違い。

◉ハチを育ててわかったこと

◉第1巻8章

▼キバネアナバチの幼虫――卵は安全な位置に産みつけられる（集）

▼幼虫と蛹（岩）
▼幼虫と蛹（叢）

巣の小部屋に蓄えられた幼虫の食物コオロギ。ハチの卵が産みつけられる場所。ハチが考える卵の安全。狩《か》りバチの幼虫の成長。蛹《さなぎ》になるために繭《まゆ》を紡《つむ》ぐ。三層に分かれた複雑な構造。幼虫が糞《ふん》をするのは最後に一回だけ。糞は繭の内壁の補強に使われる。

24日後に蛹は羽化した。私はこのハチを飼育していろいろなことを教わったが、目の前の美しいアナバチは知るべきことは師匠に教わることなく、すっかり心得ていた。

◉ダーウィンの祖父のハチの観察は本当か？

◉第1巻9章

▼アナバチたちの獲物
――高等なる学説、進化論に対する批判（集）
▼高等なる学説（岩）
▼高遠な學說（叢）

南仏で見られる3種のアナバチは、皆それぞれ獲物が決まっている。キバネアナバチはコオロギ、シロスジアナバチはバッタ、ラングドックアナバチはコバネギスを狩る。獲物は異なるが、いずれも直翅目《ちょくしもく》（バッタ類）の仲間である。アフリカのアナバチの獲物も直翅目だった。

ダーウィンの祖父が観察したアナバチは、ハエを狩ると翅《はね》を切り落としたという。その観察は正しいのか。アナバチではなく、そのハチはスズメバチではないのか。

◉第1巻10章

▼ラングドックアナバチ――野外観察の難しさ（集）
▼ラングドックあなばち（岩）
▼ラングドクの穴蜂（叢）

化学者は計画を立て、思い通りに実験することができる。しかし生き物の秘密を、解剖学ではなく、行動を司《つかさど》る本能を知ろうとすると、その機会は幸運に巡り合うしかない。しかし幸運は、一所懸命求めている者にしか訪れないのだ。

通行人は人を質問ぜめにしたり、観察中のハチの巣

▲アナバチの一種が巣穴を小石で隠している。

穴を踏みつぶしてしまったりする。一人静かに昆虫の行動を観察することは難しい。

ラングドックアナバチの獲物コバネギスは重くて抱えて飛ぶことができない。飛んで運ぶ手間を省くために獲物を得てから、その近くに巣穴を用意する。

巣が掘られると、麻酔をかけ置きざりにした獲物のところに戻り、巣穴まで引きずっていく。複数の小さな獲物を蓄えるのではなく、一回の大きな獲物ですますのだ。

◉本能の賢さと愚かさ

◉第1巻11章

▼ラングドックアナバチの狩り——本能の賢さ(集)

▼本能のもの知り(岩)

▼本能の智恵(叢)

ラングドックアナバチは麻酔をかけた獲物コバネギスを巣穴まで引きずって運搬する。

ハチが運搬する引き綱となる触角を切って、獲物を横取りする。かわりに麻酔のかかっていないコバネギスを与える。狩りの瞬間を観察しようと考えたのだ。

しかしハチは、これを相手にしなかった。コバネギスが雄だったことが理由だ。このハチの獲物は、すべて太った雌だった。ハチの卵が獲物に産みつけられる位置を調べる。半麻酔の獲物に齧《かじ》られない場所だった。

　数の少ないラングドックアナバチを20年ぶりに観察する幸運が訪れた。コバネギスの胸に刺し込まれるハチの針。そして首筋に刺される。

　もう一度、別の雌のコバネギスを与える。同じことが観察できた。雄を差し出すと拒否した。無傷のコバネギスを絶食させると4、5日で死ぬ。麻酔のかかったコバネギスは17日間触角を動かしていた。麻酔のため体力を消耗しないので、絶食しても無傷の虫の4倍も生きるのだ。

◉第1巻12章

▼アナバチ類の獲物の収納——本能の愚かさ(集)
▼本能のもの知らず(岩)
▼本能の無知(叢)

ラングドックアナバチは、本能に導かれて正確に行動する。第一の実験、運搬中のコバネギスの触角を切る。完全に切ると短い触鬚《しょくしゅ》を使って引っぱる。触鬚も切るとあきらめる。脚や産卵管を使おうとはしない。

　第二の実験、巣の小部屋に獲物を収納し、獲物に産卵し終えたハチは、巣穴を閉じようと出入り口に砂をかけている。そこでハチをどかし、小部屋の卵の産みつけられた獲物を取り除いてしまう。巣の口は開いたままである。ハチはどうするのか。さっき中断された口を塞ぐ仕事を再開し、飛び去ってしまった。巣に卵がなくても中断された作業が続けられたのだ。

　第三の実験、シロスジアナバチが運んできた獲物バッタを巣穴に運び込む直前に、少し遠くに移動させた。さらに絶対に見つからない所に移動させる。

　ハチは狩りをやり直すだろうか。そうではなかった。ハチは産卵を終えたときと同じように巣穴を閉じ、飛び去った。

◉風の山へ登る

◉第1巻13章

▼ヴァントゥー山に登る——植物学者の楽園(集)
▼ヴァントゥ山登攀記(岩)
▼ヴァントウ山に登る(叢)

▲アポロチョウ。ウスバシロチョウの仲間。

南仏の独立峰ヴァントゥー山は標高ごとに植物相が変化する。友人の植物学者らと23回目の登山をする。

山道を進むと平地からブナ林が広がる。空腹を紛らわせるためにヤジリスイバの葉を嚙《か》む。高山植物の園《その》でロバノコショウをまぶしたチーズ、アルルのソーセージ、カヴァイヨンのメロン、ワインを楽しむ。

稜線に出ると石の下に何百ものアラメジガバチを見つける。突然の雨に方角を失う。風向きと、体が雨に濡《ぬ》れた位置で方角を推定する。ようやく石造りの小屋《ジャス》に辿《たど》り着《つ》く。

翌朝、空は晴れわたった。ふたたび山頂を目指す。疲労と薄い酸素のため気分が悪くなる人がいる。山頂でのご来光。そして目的の植物採集。七月のヴァントゥー山は、まだ羊が入っていないのでまさにお花畑である。シロバナベンケイソウを食べて育つアポロチョウが飛んでいた。

◉ハチも渡りをするのか?

◉第1巻14章

▼アラメジガバチの越冬——虫の移住(集)

▼動物の移住（岩）
▼渡りもの（叢）

ヴァントゥー山で見つけたアラメジガバチ。普段は単独で生活している狩《か》りバチが、なぜここに数百もまとまっていたのか。このハチは、ほかのハチよりも早く、四月には活動を開始する。

普通の狩りバチは、秋に死ぬが、アラメジガバチは越冬するのだろうか？　もしそうなら、なぜ八月に山に集まっていたのか。

南仏の九月は暑い夏に区切りをつけ、ふたたび活力をつける季節である。山の頂は寒く、越冬には適していない。アラメジガバチの群れは、渡り鳥のように暖かい地域へ移動するために一時的にできた集団なのではないだろうか。

◉なぜ遠方からハチは巣に戻ることができるのか

◉第1巻15章

▼ジガバチ類——狩りと帰巣（集）
▼じがばち（岩）
▼青虫狩りのアモフイラ（叢）

ジガバチの仲間は、幼虫の食物として地中の巣にイモムシを蓄える狩《か》りバチである。巣は硬い砂地に井戸のように垂直に掘られる。

アラメジガバチ、サトジガバチ、ギンモウジガバチ、ケブカジガバチを観察する。自分の巣の位置を記憶する優れた能力。帰路に迷うと、いったん草の上に置いた獲物の位置へ戻る。記憶をたどっているのか。

獲物のイモムシへの麻酔のかけ方。虫の行動は本能に支配されてはいるが、その意味は理解していない。「ハチはまるでもとから知っており、わきまえていたように振る舞う」のである。自然選択や生存競争でハチの行動を説明することはできない。

◉砂地に巣を作るハナダカバチ

◉第1巻16章

▼ハナダカバチ——酷暑のイサールの森で（集）
▼はなだかばち（岩）
▼ベンベクス（叢）

酷暑のイサールの森でハナダカバチを観察する。あま

▲ハナダカバチが獲物のハエを抱えている。吻《ふん》が長いので鼻高蜂の名がついた。

りにも暑く、兎の穴で頭を冷やす。

ハナダカバチは疎林の砂地に巣穴を掘る狩《か》りバチである。幼虫の食物のためにハエやアブを狩る。獲物に産みつけられたハチの卵は2、3日すると孵化《ふか》する。

このハチは鳥のように、毎日数回にわたって食物を幼虫のもとに運ぶ。約2週間のあいだ一日1～3回は給餌《きゅうじ》が行われる。

オウシュウハナダカバチとフタバハナダカバチは特にアブを好む。6種のハナダカバチと双翅目《そうしもく》(ハエ類)の関係。

◉第1巻17章

▼ハナダカバチの狩り

——アブやハエを空中で仕留める(集)

▼はえの猟師(岩)

▼蠅狩り(叢)

ハナダカバチの幼虫への給餌《きゅうじ》はなぜ頻回《ひんかい》なのか。幼虫の食物は鮮度が重要。他の狩《か》りバチは大きな獲物を麻酔して生きたまま幼虫に与える。ハナダカバチの獲物のハエやアブは体が小さくて乾燥に弱い。

空中で行われるハナダカバチの狩り。獲物を抱えて空中で滞空飛行《ホバリング》し、ある一点へ降下する。そこは目印も何もないが、巣穴の入り口だった。砂地の巣穴は常に崩れていて出入り口がわかりにくい。

◉なぜ寄生という生き方が出現したのか

◉第1巻18章

▼ハナダカバチに寄生する者
　――ハエ狩りのハチが恐れるハエ（集）
▼寄生虫――繭（岩）
▼寄生蠅――その繭（叢）

獲物を給餌《きゅうじ》するために巣に戻るハナダカバチは、ゆっくりと降下する。それは巣穴の出入り口を探しているのではない。ハチに寄生するヤドリニクバエの存在を恐れているのだ。この小さな寄生バエは、ハチが巣に獲物を運び込む一瞬をついて、自分の卵をハチの幼虫の食物へ産みつけるだ。ハエの幼虫は、巣の中でハチの獲物を、そしてハチの幼虫を食べて育つ。

ハエはハチの帰りを待ち執拗《しつよう》に追いかける。なぜハナダカバチは寄生バエを殺さないのか。

ハチの幼虫が蛹《さなぎ》になるために紡《つむ》ぐ繭《まゆ》は砂粒を絹糸で綴《つづ》ったもの。美しい繭は2週間水につけておいても浸水しない。

◉第1巻19章

▼巣に帰るハナダカバチの能力
　――未知の土地でも迷わない理由を探る（集）
▼戻り道（岩）
▼其の巣の記憶（叢）

産卵前のジガバチは夜になると巣穴から姿を消す。翌朝には、ハチは正確に巣へ戻ってくる。この本能の働きはどのようなものか。

コブツチスガリに印をつけて未知の土地で放す。正確に巣に戻った。これは記憶にたよる能力ではない。ハナダカバチの巣の出入り口を匂いや異物で攪乱《かくらん》する。ハチは惑わされない。

巣を壊す。出てきた幼虫には目もくれず出入り口を探す。本能は一定の順番で結びつき、その順番を乱すことはできない。親バチは巣の出入り口が見つからないうちは、幼虫を見てもそれが理解できないのだ。

▲カベヌリハナバチ（上列／左・雄／右・雌）。シシリーヌリハナバチ（下列／雌）。

◉泥をこねて巣を作るヌリハナバチの観察

◉第1巻20章

▼ヌリハナバチの巣造り
——泥の壺に蓄えた花粉と蜜（集）
▼どろぬりはなばち（岩）
▼左官蜂カリコドマ（叢）

カルパントラの小学校の教員だった頃の話だ。実際に測量を学ぶために野外授業をした。

そのとき子供たちが土の塊を砕き、藁《わら》しべでそれを舐《な》めていた。何をしているのか。子供たちは泥で作られたハチの巣に蓄えられた蜂蜜を味わっていたのだ。

これは大昆虫学者レオミュールが『昆虫学覚書』で「左官蜜蜂《さかんみつばち》」と呼んでいたカベヌリハナバチの巣との出会いだった。もっと詳しく知りたくて給料1か月分のお金を出して『節足動物誌』を買う。

2種のヌリハナバチを観察する。路上で巣の材料の泥を集めるカベヌリハナバチ。石の上に泥で巣を作る。幼虫の食物である蜜の貯蔵と産卵。小部屋は巣全体で6～10室あった。シシリーヌリハナバチは集団で巨大な巣を作る。

◉第1巻21章

▼ヌリハナバチの実験――背中に印をつけて放つ（集）
▼実験いろいろ（岩）
▼いろんな實驗（叢）

昆虫学者デュ・アメルのカベヌリハナバチの実験を知る。それにならってガーゼで口を塞いだガラスの漏斗をハチの巣にかぶせる。ハチは漏斗の中で死んでしまった。硬い泥を食い破るハチはガーゼを突破することができなかった。レオミュールは「虫は必要のあること以外はできない」と言う。しかしデュ・アメルの実験の仕方に不満があり、自分なりに工夫して別の方法を試す。結果は私の予想を超えたものだった。

デュ・アメルの実験には不備があったのだ。コブツチスガリで行った帰巣実験をカベヌリハナバチでも行う。4キロ離れたところから花粉や蜜を集めて戻ってきた。シシリーヌリハナバチ40匹を使って帰巣実験をする。ハチは記憶以外の、人間にはない能力をもっている。

◉本能はなぜ、後戻りを教えないのか

◉第1巻22章

▼ヌリハナバチの奇妙な論理
　――始めた仕事は中断できない（集）
▼巣の取り換えっこ（岩）
▼巣の交換（叢）

カベヌリハナバチの石の上に作られた巣を、石ごと移動する実験。ハチは巣ではなく、もとあった場所へ戻る。他の巣と入れ替えてみると、場所が同じであれば他人の巣でもかまわず作業を続ける。

このような「場所」に関する能力はなんなのか。巣を建造中のハチに、すでに蜜が蓄えられた巣を与える。ハチは建造を続けてから蜜を蓄え、卵を産んだ。作業は少しずつ省かれたが順番は変わらない。蜜を運ぶハチに未完成の巣を与える。蜜を蓄える作業を続け、巣を完成させようとはしない。本能は一定の方向にしか働かないのだ。

◉ファーブルの家族愛

▲ファーブルが観察したヌリハナバチの泥の巣。右の、石の上はカベヌリハナバチの巣。

◉第1巻巻末

▼付記(集)
▼追記(岩)
▼附録　新種(叢)

第1巻の終わりにファーブルは娘や息子に献名した昆虫を列記している。残念ながらすべて同種異名《シノニム》で現在は無効になっている。

アントニアツチスガリ
(次女アントニアへの献名)→＊フラビコルニス
ユリウスツチスガリ
(息子ジュールへの献名)→アカツチスガリ
ユリウスハナダカバチ
(息子ジュールへの献名)→スジハナダカバチ
ユリウスジガバチ
(息子ジュールへの献名)→テルミナータジガバチ
＊フラビコルニスは、あえて言えばキヅノツチスガリという和名になる。

◉**第2巻巻頭**

▼息子ジュールへ（集）
▼なし（岩）
▼息　ジュルへ（叢）
▼〈献辞〉エミール・ブランシャール（集）
▼なし（岩）
▼〈献辞〉ブランシヤアル（叢）

◉住居兼研究所を手に入れた喜び

◉**第2巻1章**

▼アルマス——念願の地、観察の本拠を手に入れる（集）
▼アルマス（岩）
▼アルマ（叢）

誰にも邪魔されず虫の観察ができる住居兼研究所荒地《アルマス》を手に入れる。これは詩人ホラティウスが「コレハ我ガ祈願ノウチニアリキ」と歌ったものだ。僅かな土地、囲いがあってうるさい街道とも隔てられている。

　私は世間の学者たちに言ってやりたい。「あなた方は薬品を使って細胞や原形質を調べておられるが、私は本能の、もっとも高度な現れ方を研究しています」と。私は荒地《アルマス》に、生きた昆虫の研究所を開いておこうと思う。この研究所は、納税者のふところには一文《もん》の負担もかけることはないのである。

◉地上からどうやって地中の獲物を探すのか

◉**第2巻2章**

▼アラメジガバチの麻酔術
　——獲物を与えて観察する（集）
▼あらめじがばち（岩）
▼毛深のじが蜂（叢）

アラメジガバチは獲物のヨトウムシの体節のひと節ずつ針を刺して麻酔する。ハチにヨトウムシを与え観察しようと一家総出でヨトウムシを探す。見つからない。ハチが探っている地面の一点を掘ってみる。はたしてヨトウムシが掘り出される。ハチの感覚はなぜ正しいのか。手に入れたヨトウムシでハチの麻酔術を目の前で観察する。ハチは狩りに成功すると喜びを表す。観察はうまくいったが、最後に獲物をアリに奪われてしまい。一日がかりの観察は終わってしまった。

▲ヨトウムシを狩るアラメジガバチ（麻酔をかけた後）。麻酔と以降の写真は97 ～ 99頁。

◉第2巻3章

▼アラメジガバチの未知の感覚
　――地中のヨトウムシを探す（集）
▼未知の感覚――夜盗虫（岩）
▼未知の感覺（叢）

アラメジガバチの獲物のヨトウムシは夜行性で、ハチが活動する昼間は地中深くにいる。その存在をハチは昼間に、地表からどのようにして見つけているのか。観察するとハチは常に触角を震わせている。嗅覚《きゅうかく》で探しているのか。私がヨトウムシの匂いを嗅《か》いでもわからない。

昼はじっとしているので音で探しているわけでもない。ハチには何か未知の感覚があるのか。農作物を荒らすヨトウムシをアラメジガバチは退治する。しかし益虫となるハチにも、食物となる害虫ヨトウムシが必要なのだ。人間の都合通りにはならない。

◉第2巻4章

▼アラメジガバチの本能

——鮮やかな狩りを司るものは何か(集)
▼本能の理論(岩)
▼本能論(叢)

獲物を新鮮に保存するためには殺さないで運動能力だけを奪えばよい。アラメジガバチはヨトウムシ、ラングドックアナバチはコバネギスに見事に麻酔をかける。人間は牛の首の一点をさぐり小さなナイフで一瞬にして絶命させる。人間の技術は習い、覚えなければならない。狩《か》りバチは生まれながらにして完璧な技術者である。ハチの麻酔の技術が少しずつ進歩していくなどということはあり得ない。ハチは生まれついての麻酔の名人である。本能とは獲得されるものではなく、もともと具《そな》わったものなのである。

◉泥で徳利のような巣を作る狩りバチ

◉第2巻5章

▼トックリバチの巣造り——美術品のような泥の壺(集)
▼とっくりばち(岩)
▼とつくり蜂(叢)

トックリバチは、枝や壁に泥で徳利《とっくり》状や円天井《ドーム》状の巣を作る狩《か》りバチだ。巣の中には幼虫の食物として数匹のイモムシを蓄える。アメデトックリバチとオウシュウトックリバチを観察した。アメデトックリバチは巣によって蓄えられる獲物数が倍以上異なる。母親は生まれる幼虫の性を予見して、雌には多く、雄には少ない獲物を与えているのだろうか。

　実際に幼虫を飼育して観察する。しかし飼育にはことごとく失敗してしまった。原因は何か。巣の横腹に小さな窓をあけて中を観察する。飼育に失敗した理由は、卵を産みつける位置にあった。

◉第2巻6章

▼ドロバチの巣穴——幼虫の食堂と獲物の貯蔵庫(集)
▼どろばち(岩)
▼ひめどろ蜂(叢)

トックリバチの獲物への麻酔は不完全である。そのためハチは安全のため、卵を巣の天井から糸でぶら下げていた。近縁のドロバチを観察する。崖に巣穴を掘り、垂れ下がった泥の出入り口をつけるジンケイドロバチ

▲泥で作った巣に獲物の青虫を収納するキボシトックリバチ（日本産）。

を観察する。

卵はやはり糸で天井からぶら下げられていた。獲物は麻酔の不完全なゾウムシの幼虫だった。筒状の巣には最初に卵が産みつけられ、その後に獲物が蓄えられる。底の獲物は古く、表面の獲物は新しい。幼虫は巣穴の底で、弱った獲物から順に食べ進む。狭い巣穴の中で獲物は身動きできないため、幼虫が食べる順序を間違えることはない。

◉帰巣本能を調べる

◉第2巻7章

▼ナヤノヌリハナバチの新しい研究
――方向感覚の実験についてのダーウィンの提案（集）
▼ぬりはなばちの新しい研究（岩）
▼左官蜂に關する新研究（叢）

見知らぬ遠い土地で放されたハチは、どのような方向感覚によって巣へ帰るのだろうか。ダーウィンからの実験の提案。ハチをぐるぐる振り回して方向感覚を狂わせてみてはどうかという。3キロ離れた地点から、条件を変えて4回実験を行った。予想に反してハチは巣に戻ってきた。翌年、さらに2回異なった条件で実験してみる。物理的な操作でハチの方向感覚を狂わせることはできなかった。ハチに磁石を背負わせる実験をした。ハチは体に付けられた大きな異物のため混乱して、実験どころではなかった。

◉第2巻8章

▼わが家の猫の物語——猫のすぐれた帰巣本能(集)
▼家の猫のお話(岩)
▼猫物語(叢)

回転させたり、放す位置をどれだけ変えても、ハチは正確に自分の巣へ帰ってくる。猫は、袋に入れて振り回してから捨てると戻ってこないというが本当か。アヴィニョンからオランジュへの引っ越しのため年老いた雄猫を他家に譲った。数時間のうちにアヴィニョンのもとの家に戻ってきた。猫は川に飛び込み、最短距離を帰ってきた。

　数年後、今度はオランジュからセリニャンに当時飼っていた雄猫を連れて引っ越した。猫は7キロ離れたオランジュの家に戻っていった。2週間家に閉じ込めておいて放しても、翌日にはオランジュの家へ戻ってしまった。猫の帰巣本能は優れている。猫をぐるぐる回せば方向感覚が狂うというのは迷信である。

◉昆虫の場所の記憶

◉第2巻9章

▼アカサムライアリの帰巣能力
——頼りになるのは、視覚か嗅覚か(集)
▼あかざむらいあり(岩)
▼赤蟻(叢)

アカサムライアリがクロヤマアリを狩るときは、往路も復路も同じ道を通って移動する。匂いの道しるべを出して進むのか。箒《ほうき》で掃いたり、水を流したりして道の匂いを遮断してみる。しかしアリは迷わない。ハッカを撒《ま》いてみる。匂いにも混乱しない。新聞紙を置いたり、砂を撒いたりしても変化はない。障害物も関係ないようだ。

　アリには場所の記憶があるのだろうか。行列するアリを一匹だけ未知の場所に置くと、そのアリは迷う。一度通った場所なら行列に戻れる。ベッコウバチで同

▲サムライアリ（日本産）がクロヤマアリの巣を襲っている。

じ実験をする。ハチは場所に関する記憶が強く、匂いには反応しない。視覚にたよっているのだろうか。

◉第2巻10章

▼昆虫の心理についての短い覚え書き
——本能は類推する力をもたない（集）
▼昆虫心理に関する断章（岩）
▼昆虫の心理に關する斷片（叢）

動物にも理性があるというが本当か。自然はハチに対して最小限の材料で最大限の器用さを授けたように思う。たとえば高等数学の傑作とも言えるミツバチの巣。エラスマス・ダーウィンのアナバチの観察*は本当か。ナヤノヌリハナバチの巣作り、蜜の貯蔵、産卵、小部屋の閉鎖という見事な手順。ハチは目的を果たすためにきわめて合理的な行動をとる。しかし手順に突発的な事故が起こったときはどうか。

　実験をしてみると、ハチは事故に対応するために以前の仕事に戻り、やりなおすことはない。やりかけている仕事をふたたび愚直に継続するだけなのだ。理性の光は感じられない。本能は昆虫に自由な行動をとらせないと同時に、間違いを犯すことからも守っているのだ（＊完全版「原注」で翻訳者ラコデールがスズメバチをアナバチと誤訳していたためファーブルが「不当な疑惑」をエラスマスに与えたと反省している）。

◉最大のクモと最大の狩《か》りバチの戦い

◉第2巻11章

▼ナルボンヌコモリグモ——毒牙で獲物を一撃する（集）
▼黒腹のどくぐも（岩）
▼腹黒の毒蜘蛛（叢）

クモは嫌われものである。咬《か》まれると踊り続けるというタラント病（舞踏病）は本当にあるのか。レオン・デュフールのタランチュラ（タランテラコモリグモ）の観察記録を読む。身近にいる近縁のナルボンヌコモリグモを観察する。巣穴からクモを釣り上げ、飼育して観察する。その毒性の強さを調べると、クマバチ、バッタを一撃で殺した。仔《こ》スズメやモグラにも致命的だった。クモは獲物の首筋に咬みついて一撃で殺す。

◉第2巻12章

▼ベッコウバチ——クモを捕らえる狩りバチ（集）
▼べっこうばち（岩）
▼鼈甲蜂（叢）

ベッコウバチは、幼虫の食物として地中の巣にクモを蓄える狩《か》りバチである。毒牙をもつ獲物をハチはどのようにして狩るのか。南仏最大の毒グモのナルボンヌコモリグモを狩るのは、オレンジ色と黒の衣装をまとうオビベッコウだ。その狩りは、私がこれまで見た狩りバチの行動でもっとも強烈なものだった。

巣穴は自然にある穴を再利用する。卵はクモの腹面に産みつけられていた。クモは7週間のあいだ腐らなかった。やはり死んでいるのではなく麻酔がかかっていたのだ。ナカグロベッコウがエンマグモを巣から引きずり出し、麻酔をかけるところを観察する。ハチは、毒牙をもつ獲物に有利な巣の中では戦わないのだ。

◉一列に並んだ小部屋から幼虫はどう脱出するのか

◉第2巻13章

▼キイチゴに住むミツバツツハナバチ
——巣からの脱出の順序（集）

▲キイロゲンセイ（日本産）の幼虫がハキリバチの巣の中でハチの卵を食べている。

▼やぶいちごの住民たち（岩）
▼茨の住者（叢）

ミツバツツハナバチは、キイチゴの茎の髄《ずい》を削り、その筒の中に巣を作る花バチだ。筒状の巣に蜜と花粉を蓄えて卵を産みつける。巣の小部屋は髄の屑《くず》を固めて仕切られ、一列に並ぶ。奥のものが古く、入り口に近いほうが新しい。羽化したハチは一列の巣の中からどうやって脱出するのか。

ガラス管（129頁）で飼育して部屋の大きさや雌雄を調べる。羽化の順序は決まっていなかった。生まれたハチは仕切りを破り、繭《まゆ》にぶつかるとそこで待機する。がまんできなくなると横を通る。出口の方向はどうやって知るのか？　ツツハナバチは最小の労力で最大の仕事をしていたのだ。

◉ハチの卵を食べるゲンセイ

◉**第2巻14章**

▼スジハナバチヤドリゲンセイ
——スジハナバチに寄生する甲虫（集）
▼はきりばちやどり（莞青）（岩）

▼シタリス（叢）

スジハナバチの仲間は崖の斜面に巣穴を掘る花バチである。巣は崖に無数に作られる。この巣からはさまざまな寄生者が見つかる。ツツハナバチには奇妙な形の蛹《さなぎ》を作るホシツリアブ、スジハナバチにはスジハナバチヤドリゲンセイが寄生する。ヤドリゲンセイは巣の入り口で2000以上の卵を産む。

巣の坑道でゲンセイが入っている変わった殻を見つける。ゲンセイは、スジハナバチの幼虫の一次寄生者の繭《まゆ》の中に入って生きているのだろうか。3年にわたり観察を続け、昆虫の変態について驚くべき発見をすることになった。

◉過変態の発見

◉第2巻15章

▼スジハナバチヤドリゲンセイの幼虫
——ハチの巣にたどり着くまで（集）
▼はきりばちやどりの第一幼虫（岩）
▼シタリスの第一期幼蟲（叢）

秋に孵化《ふか》したスジハナバチヤドリゲンセイの幼虫は崖のハチの巣の中で春までじっとしている。7か月絶食に耐えるのだ。レオン・デュフールのゲンセイに近縁なツチハンミョウの幼虫の観察を読む。ゲンセイの幼虫はどうやってハチの巣に侵入するのか。

最初、雄バチに取り付き、雌と交尾するときに乗り移る。雌が巣の小部屋に蓄えた蜜の上に産まれたハチの卵の上に移動する。幼虫はハチの卵を食い破る。最初の食物はハチの卵なのだ。ゲンセイの幼虫は、ハチの巣の中で、母親が蓄えた蜜と花粉を食べて育つ。

◉第2巻16章

▼ツチハンミョウ——花で宿主を待ち伏せる（集）
▼つちはんみょうの第一幼虫（岩）
▼メロエの第一期幼蟲（叢）

太鼓腹をした濃紺のツチハンミョウは、一齢《れい》幼虫のときにスジハナバチの巣に寄生する。幼虫は花に登り、蜜を吸いにくるハチを待ち伏せする。「蜜蜂の虱《しらみ》」と呼ばれる小さな寄生者の正体は、多くの博物学者の頭を悩ませてきた。

▲卵で腹の膨らんだツチハンミョウの雌。

オオツチハンミョウは4000個の卵を産む。花の上で待ち伏せる幼虫は何にでもしがみつく。危険な賭《かけ》を数でおぎなっているのだ。崖を掘ってスジハナバチの巣の小部屋の中に、蜜に浮いたハチの卵を食べるツチハンミョウの幼虫を見つけた。蜜の海で幼虫が溺《おぼ》れないようにハチの卵が筏《いかだ》の役目をしていた。

◉第2巻17章

▼ツチハンミョウの過変態
——次々に起きる思いもよらない変身(集)
▼過変態(岩)
▼過變態(叢)

ツチハンミョウやゲンセイの幼虫は、花バチの巣に寄生して成長する。すばしっこい一齢《れい》幼虫(第一幼虫)は三爪型幼虫《さんそうがたようちゅう》と呼ばれ、寄生先のハチの体にしがみつく。幼虫は母バチに付いたまま巣に侵入し、ハチの卵を食べて脱皮する。第二幼虫はほとんど身動きできない白い蛆虫《うじむし》で、蜜の上に浮かんで蜜を飲む。

第二幼虫が脱皮すると擬蛹《ぎよう》という他では見られない形態になる。擬蛹からはさらに、もとの第二幼虫に似た第三幼虫が出てくる。第三幼虫が本当の蛹《さなぎ》となり、羽化して成虫になる。この驚くべき変態の形態を私は「過変態《かへんたい》」と名付けた。

◉地中で狩りをするツチバチ

◉第3巻1章

▼ツチバチの狩り——地中で獲物を追いかける（集）
▼つちばち（岩）
▼あかすぢ蜂（叢）

ツチバチは、幼虫の食物として地中にハナムグリの幼虫を蓄える狩《か》りバチである。小鳥ほどもある巨大なハチだが、見かけほど恐ろしくはない。家から歩いてイサールの森でハチを観察する。雄バチは地面すれすれを飛び回り、羽化してくる雌を探している。腐植土を掘るとハチの繭《まゆ》とさまざまなコガネムシの幼虫の縮んだ皮が見つかった。ツチバチはモグラのように地中を掘り進む。しかし巣を作るようすはない。

その謎が解き明かされたのは23年経ってからのことだった。落ち葉の山から麻酔にかかったハナムグリの幼虫が見つかり、卵が産みつけられていた。ツチバチの雌は地中を移動し、獲物のハナムグリの幼虫を見つけると、その場で麻酔をかけて卵を産みつけるのだ。

◉第3巻2章

▼ツチバチ幼虫の危険な食事——獲物を殺さずに食べ進む（集）
▼あぶない食物（岩）
▼危険な御馳走（叢）

ツチバチの卵は、麻酔のかかったハナムグリの幼虫の上で孵化《ふか》する。ハチの幼虫は産みつけられた一点から体に侵入するが獲物は死なない。生きている獲物は最後まで腐らない安全な食物なのだ。試しにハナムグリを手術してみると、すぐに腐ってしまった。

獲物から幼虫を取り出し、獲物の体の別の場所に置いてみるが、食いつかない。やがてハチの幼虫は飢《う》え死《じ》にしてしまった。生き物は初めから、自分のするべきことを完全に心得ている。進化論者の言うように少しずつ習性を獲得し、洗練させていくというようなことは不可能だ。

▲ツチバチ。ヨーロッパ最大のハチである。

▼ツチバチの繭――狩られるものたちの生理と生態(集)
▼はなむぐりの幼虫(岩)
▼はなむぐりの幼蟲(叢)

◉第3巻3章

獲物を食べ尽くしたフタスジツチバチの幼虫は繭《まゆ》を紡《つむ》ぐ。七月になると繭の先端が帽子のように取れ、ハチが羽化してくる。地中で腐植土を食べるハナムグリの幼虫は力が強く、危険を感じると、くるりと丸まる。卵を産みつけられた幼虫には麻酔がかかっている。狩りの現場は地中なので観察ができない。丸まった防御の姿勢では守れない胸部に針が刺されているのではないか。解剖すると、頭の下側に神経節が集中していた。

ハナムグリの幼虫は移動のとき、脚を使わず仰向けになって、独特の「背中歩き」をする。

◉第3巻4章

▼ツチバチの狩りの困難さ
――どうやって土の中で獲物に麻酔をかけるのか(集)
▼つちばちの問題(岩)
▼あかすぢ蜂の難問題(叢)

ツチバチの仲間は、地中でコガネムシの幼虫を狩り、麻酔をかけて卵を産みつける。地中で獲物の正確な位置に針を刺すことは難しく、場所を間違えれば大暴れされてしまう。コガネムシの幼虫には神経節が集中している場所があり、ここを狙えば麻酔にかかる。

ツチバチが地中に潜むコガネムシの幼虫を獲物に選んだのは、進化論者が言うようにあれこれ試みたあげくのことなのか。失敗が続いたらツチバチの一族は滅んでいたはずだ。

ハチの能力の研究は、その形態を調べることよりも重要だろう。進化論者が使う「適応」という言葉は便利だが、説明になっていない。

◉寄生の起源とは何か

◉第3巻5章

▼寄生者と狩人——壮大な略奪行為(集)
▼寄生虫いろいろ(岩)
▼寄生蟲(叢)

南仏の夏はアフリカのように暑い。谷間ではハチたちが巣作りで忙しい。

そのまわりでは、アリバチ、セイボウ、ヤドリハナバチ、ビロウドツリアブ、ヤドリバエといったハチの寄生者たちがチャンスを狙っている。寄生者は巣に卵を産みつけ、ハチの幼虫や蓄えられた食物を奪って育つ。環境に紛れたり、強いものの姿に似る「擬《ぎ》態《たい》」とは、本当に生存競争の結果なのか。

同じ場所に暮らし、擬態せずに生きている近縁種もある。例外だらけの仮説が法則と呼べるのか。ツチバチは狩《か》りバチの一種だが、寄生者とはどこが違うのか。生きることは壮大な略奪行為である。その意味では人間がいちばんの寄生者といえるだろう。

◉第3巻6章

▼巣の乗っ取りと寄生の起源
——寄生バチとヌリハナバチ(集)
▼寄生の理論(岩)
▼寄生論(叢)

他人の収穫を横取りする寄生の起源とは何か。進化論者が言う生存競争が寄生を発達させたのか。他人の巣

▲スジハナバチの巣に寄生するホシツリアブ。

を乗っ取るのは、実はくたびれ儲《もう》けが多い。寄生はあまり得ではないのだ。ヌリハナバチは他人の巣を奪うことがある。しかし常習犯ではない。ツツハナバチは巣作りに遅れたものが他人の巣を乗っ取ることもある。それは楽をしようとしているのではない。単なる作業の手順の問題だ。

ホシホソミコバチは他人の蓄えた食物を奪う正真正銘の寄生者だ。ミコバチの祖先は肉食だが、ホシホソミコバチは植物食になった。オオカミがヒツジになるようなことはあるのだろうか。

◉第3巻7章

▼ヌリハナバチと寄生者
——自分で巣を造るもの、他人の巣を使うもの(集)
▼左官蜂の苦労(岩)
▼左官蜂の悩み(叢)

ヌリハナバチが泥で作った巣には、さまざまな寄生者がやってくる。このハチは一つの巣の小部屋のために、15キロ以上飛び回って花粉と蜜を集める。その小部屋には寄生する虫が10種ほど見つかる。トガリハナバチモドキやハキリバチモドキは、宿主《しゅくしゅ》より早く孵化《ふか》して卵と食物を食べ尽くす。ホシツリアブやシリアゲコバチは無抵抗な蛹《さなぎ》をむさぼり食う。ヌリハナバチは古い巣を再利用するが、ツツハナバチやハキリバチも古巣を狙っている。昆虫の世界にも都市のような大きな巣を作るものと、それを利用するものがいるのだ。古い巣には死骸《しがい》を食べにくる甲虫《こうちゅう》もいる。

◉第3巻8章

▼ホシツリアブ――ヌリハナバチに寄生するもの（集）
▼すきばつりあぶ類（岩）
▼喪服のアントラックス（叢）

スジハナバチの巣の中で奇妙な形の蛹《さなぎ》を見つけた。頭には鋤《すき》がつき、尻は矛《ほこ》のような形をしている。なぜこんな姿をし、そしてどんな暮らしをしているのだろうと長年疑問に思っていた。しかし研究の時間がなく30年が経ってしまった。カベヌリハナバチの巣にはホシツリアブとシリアゲコバチの幼虫が寄生している。ホシツリアブの幼虫は、ヌリハナバチの幼虫の体液を「悪魔のキス」で吸い取る。

狩《か》りバチの幼虫の食物は母親が用意する。ホシツリアブの幼虫は自力で宿主《しゅくしゅ》の巣に侵入するのか。巣の中の獲物には麻酔がかかっていないが、動けない前蛹《ぜんよう》は格好の食物になる。この奇妙な蛹はホシツリアブのもので、その姿は寄生先の泥の巣に穴を開けて脱出するためのものであった。

◉第3巻9章

▼シリアゲコバチ――腹部に、複雑に収納された長い産卵管（集）
▼しりあげこばち（岩）
▼鍼師のルウコスピス（叢）

シリアゲコバチの幼虫はヌリハナバチの泥の巣に寄生する。巣に卵を産みつけるコバチの長い産卵管は、腹部に見事に収納されてる。コバチの幼虫は、ヌリハナバチの幼虫の体表に取り付いて体液を吸う。シリアゲコバチの長い産卵管の構造を解剖して観察する。コバチはどうやって食物のある小部屋を知るのか。シリアゲコバチは、巣の小部屋に食物があろうが、なかろうが複数の卵を産みつけていた。

▲ハナバチヤドリオナガコバチの標本（顕微鏡写真）。

◉第3巻10章

▼オナガコバチ
——泥の巣に産卵管を深く刺し込む寄生バチ（集）
▼もう一つの針さし虫（岩）
▼もう一人の鍼師（叢）

ヌリハナバチの泥の巣にはシリアゲコバチ以外にも寄生バチがやってくる。それは蚊のように小さいオナガコバチである。触角で巣を探り、脚をふんばって巣に産卵管を刺し込む。オナガコバチは体が小さいのでヌリハナバチの繭《まゆ》1個が幼虫20匹分の食物になる。雌バチは繭の大きさで卵の数を調節しているのだろうか。

産んだ数と育つ数には10倍以上の差がある（複数の雌が産んだのか？）。幼虫は吸うための口をもち、獲物を殺さずに食事をする。羽化したオナガコバチは1匹ずつ交代で泥に脱出口を掘る。成虫には雄が少ない。そもそも動物には、なぜ性別があるのだろうか。

◉第3巻11章

▼ホシツリアブの幼虫

——成長段階で二つの型をもつ幼虫の暮らし（集）
▼幼虫の二形（岩）
▼幼蟲の二形（叢）

ヌリハナバチに寄生するホシツリアブの幼虫はどうやってハチの巣に侵入するのか。幼虫は移動さえままならぬイモムシのような姿をしている。密閉されているハチの巣の繭《まゆ》からアブの幼虫を探す。長さ1ミリ、髪の毛のような蛆虫《うじむし》を見つける。巣の隙間から侵入するのだろうか。孵化《ふか》したての幼虫は活動的だが、脱皮するとイモムシ型になる。その変化はツチハンミョウの過変態《かへんたい》を思い出させる。いっぽうヌリハナバチに寄生するシリアゲコバチの幼虫は、自分の食物を確保するために敵を探す。時には兄弟殺しをすることもある。

◉ダーウィンの『進化論』で紹介された研究

◉第3巻12章

▼トガリアナバチ
——カマキリを獲物とする狩りバチ（集）
▼とがりあなばち（岩）
▼ばつた好きのタキテス（叢）

南仏にはバッタやケラ、カマキリの幼生を獲物にする5種のトガリアナバチが見られる。鎌のような前脚をもつカマキリをハチはどうやって狩るのだろうか。ハチは獲物に背後から接近し前脚の付け根にある神経節に針を突き立てた。鎌の動きを封じてから残りの運動神経に麻酔をかけていくのだ。

こんな危険な狩りの手順が、失敗を重ねながら得られるはずはない。小さなキリギリスを与えてみると、安全であっても獲物だと認識しない。トガリアナバチの繭《まゆ》作りは、ハナダカバチのように砂を絹で綴《つづ》ったものだが、その順序が異なった。生物の習性に原則はないのだ。その生物がもつ本能こそが、それを決定する要因なのである。

◉第3巻13章

▼クシヒゲゲンセイ
——幼虫が捕食性のツチハンミョウの仲間（集）
▼くしひげはんみょう、ほしつちはんみょう、きばねはんみょう（岩）
▼セロコマ、ミラブリス及びゾニテス（叢）

▲クシヒゲゲンセイの雄。雄の櫛のような触角が特徴。珍虫。

これまで観察してきたゲンセイやツチハンミョウの幼虫は、花バチの巣に寄生して擬蛹《ぎよう》という特殊な状態（過変態《かへんたい》）を経て成虫になっていた。息子のエミールとトガリアナバチの巣で正体不明の擬蛹を見つけた。巣の中にはハチが蓄えた獲物カマキリを食べる幼虫がいた。この幼虫が擬蛹になったのか。

アメリカではバッタの卵を食べるツチハンミョウが発見されたという。肉食の仲間がいるのだ。幼虫を飼育してみたが育たなかった。クシヒゲゲンセイの仲間ではないだろうか。これらのゲンセイの産卵数は少なく、これまでの観察とは違った。ハキリバチに寄生するキイロゲンセイの擬蛹の抜け殻は、入れ子になっていた。これの第一幼虫さえ見つかれば、私はすべての生活史を見たことになる。

◉第3巻14章

▼食物の変更――代用食で虫を飼う（集）
▼食物の変化（岩）
▼食物の變化（叢）

昆虫の食物は、種《しゅ》によって、仲間によって厳密に決まっている。美食家ブリア＝サヴァランが言うように、その素性は食物によって言い当てることができる。昆虫は形態を見るまでもなく、食物によって分類が可能なのだ。毒があってもなくても、栄養があってもなくても、昆虫は食物を変えることはない。だから狩《か》りバチの幼虫に別の食物を与えて飼うことは不可能だと思っていた。しかし実験すると代用食で、繭《まゆ》にまで育てることができた。植物は多様なものを生産するが、動物の生産するものは限られている。

動物食の昆虫は代用食で飼育が可能なのだ。クモを食べるキゴシジガバチの幼虫をバッタで、ミツバチを食べるミツバチハナスガリの幼虫をアブで飼えた。

◉第3巻15章

▼進化論への一刺し――狩りバチの獲物と適応力（集）
▼進化論へのお灸（岩）
▼進化論に対する項門《ママ》〈頂門〉の一針（叢）

法則の発見は人類の大きな野望である。数学の世界では厳密に論理を進めることができる。しかし現実の世界はもっと複雑で不規則だ。進化の説明のために「適応力」があるのなら、なぜ動物は食物を限定するのだろうか。激しい生存競争に勝つためには、なんでも食べたほうが有利ではないか。

優れた食物を知ってなお、それを捨てるなら進化とは愚かなことだ。進化が本当なら、生物は雑食の進歩主義になるのではないだろうか。進化論では昆虫の食物の選択を説明することはできない。

◉ハチは雌雄の卵を産み分けるのか

◉第3巻16章

▼蓄える食物の量に、なぜ差があるのか
――雌バチには産む卵の性別がわかるのか（集）
▼性による食糧割当（岩）
▼性と食物の量（叢）

狩《か》りバチが巣に蓄える獲物の量は、巣によって倍以上の違いがある。幼虫の食物となる獲物が少なければ小さな成虫に、多ければ大きな成虫に育つ。ハナバチの場合も同様である。ハチの体は雌が大きく、雄が小さい。雌の卵には多くの食物が、雄の卵には少しの食物

▲ハキリバチ（176頁）が切り取った葉を巣に運んでいる（ツツハナバチの近縁種）。

が用意されているのだろうか。ミツバチハナスガリで観察すると、その通りだった。ツツハナバチで食物の量を増減させて観察した。小さな雄と痩せた雌が羽化した。用意された食物の量で性別が決まるわけではない。ハチの雌は、あらかじめ卵の性別がわかっていて、食物の量を調節しているのではないか。

◉第3巻17章

▼ツツハナバチ
——小部屋の大きさはどのように決まるのか（集）
▼つのはきりばち（岩）
▼オスミ（叢）

春になるとミツカドツツハナバチが植物の茎、カタツムリの殻、葦簀《よしず》の中などの隙間を泥で仕切って巣の小部屋を作る。観察をするため室内で飼育すると、ガラス管はもちろん、机の鍵穴などあらゆる隙間に巣を作った。太い筒と細い筒とでは小部屋の仕切りの間隔が異なる。ハチは全身を使って測るような仕草をする。完成した巣で小部屋の長さを測ってみると、ばらつきがあった。それぞれの小部屋に蓄えられた花粉と蜜は、孵化《ふか》した幼虫が軟らかいところから食べられるように工夫してあった。

◉第3巻18章

▼ツツハナバチの小部屋
——雌雄の卵が産みつけられる順番(集)

▼雌雄の振り分け(岩)

▼性の配置(叢)

ハチの母親には、これから産む卵の性別がわかっているのだろうか。卵が産みつけられる巣の小部屋の食物は、雌には多く、雄には少なく蓄えられているようにみえる。ミツバツツハナバチの巣から繭《まゆ》をガラス管に移して観察をする。羽化した成虫の雌雄の順番は入り交じっていた。しかしミツカドツツハナバチなどの巣では、上半分が雄、下半分が雌ときれいに分かれた。小部屋には大小があり、大きな小部屋からは雌が、小さな小部屋からは雄が羽化した。

ミツバツツハナバチの雌雄には体格の差はない。いっぽうミツカドツツハナバチの雌雄には体格に差がある。多くの食物が必要な雌の卵から産み始め、終わりのほうに食物の少ない雄の卵を産むのだろうか。

◉第3巻19章

▼ツツハナバチの産卵——卵の性を産み分ける雌(集)

▼母虫の思いのままになる卵の性(岩)

▼卵の性(叢)

カベヌリハナバチは泥の古い巣を再利用する。古巣の小部屋に雌雄の卵はどのように配分されるのだろうか。小部屋に砂を入れて容積を量る。雌の小部屋は大きく、雄のものは小さかった。雌バチは産む卵の性別を知っているのだろうか。

ミツカドツツハナバチは初めに雌の卵をまとめて産み、あとから雄の卵をまとめて産んでいた。巣を作る筒を短くして観察すると、二つしか小部屋が作れない短い巣でも卵は雌、そして雄の順番であった。

カンボクヌリハナバチが古巣を再利用するときも雌の小部屋が大きく、雄のものは小さかった。逆に雄の体格が大きなモンハナバチでは、大きな部屋に雄の卵が産みつけられていた。ハチの雌は産む卵の性別を自在に調節することができるのだ。

▲石の上に作られたカベヌリハナバチの泥の巣。穴は羽化したハチが脱出した跡。

◉第3巻20章

▼ツツハナバチの卵
——雌雄の産み分けは、なぜ起こるのか（集）
▼卵の性の入れ替え（岩）
▼性の入換へ（叢）

雌バチは卵の性を自在に産み分けることがわかった。それは古い巣を再利用するのに必要な能力だ。実験的に極端にかたよった性比をつくることができるだろうか。カタツムリの殻や太さの異なるガラス管、削ったカンボクヌリハナバチの古巣で実験する。雌バチは巣の小部屋の大小に合わせて卵の性を産み分けていることがわかった。

ドイツの研究によると、ミツバチの卵は受精すると雌、受精しないと雄になるという。その仕組みは他のハチにも具《そな》わっているのだろうか。受精しない性、雄は未熟な性なのだろうか。すべての卵を産み終えても雌は巣を作り続ける。最後に産んだ数個の卵は孵化《ふか》しない。これこそが受精のための精子を使い尽くした本当の無精卵なのではないだろうか。

◉コラム　ファーブルの好きな言葉　①　『昆虫記』に引用されている名言

すべては最善の世界の最善のもののために。

第1巻1章「スカラベ・サクレ」

タマオシコガネ（スカラベ／フンコロガシ）が、食物用の糞球《ふんきゅう》を自分の巣穴に運び込み、戸締まりをして、いよいよご馳走《ちそう》に手をつけようという場面で引用される言葉。ヴォルテールの『カンディード』に出てくる哲学者パングロスの台詞。もともとは楽天主義への皮肉が込められた言葉だという。

コレハ我ガ祈願ノウチニアリキ。

第2巻1章「アルマス」

古代ローマの詩人ホラティウス『諷刺詩』に出てくる言葉。ファーブルがアヴィニョン、オランジュでさんざん苦労をして、セリニャンに引っ越し、ようやく念願がかなない住居兼研究所の荒地《アルマス》を手に入れたときの喜びが表されている。引用はラテン語。

敗者ニ災イアレ《ヴァエ・ヴィクティス》。

第2巻4章「アラメジガバチの本能」

ガリアとの戦いに負けたローマ人は貢物として金《きん》を払わされていた。そのガリアの秤《はかり》に不正があったのでローマ人が抗議すると、ガリアの首領ブレンヌスが秤の錘《おもり》に自分の剣をドスンと載せて、さらに課税を重くし「負けたものに何を言う権利があるのか。敗者に災いあれ《ヴァエ・ヴィクティス》」と言い放った。ファーブルは進化論が唱える「生存競争」の、弱者は敗れ強者が繁栄するという説明の場面で、やや皮肉を込めて引用している。引用はラテン語。

君の食べるものを言ってごらん、君が何者であるのか言ってみよう。

第3巻14章「食物の変更」

多くの昆虫は、それぞれ決まった食物を摂《と》っている。ファーブルはブリア＝サヴァランの『美味礼讃』にある言葉を引用して、この事実を述べている。オオモンシロチョウはキャベツ、カイコはクワというふうに植物食の昆虫は食物の代用がきかない。ところがファーブルは狩《か》りバチの幼虫を代用食で育てることに成功し、肉食の昆虫は食物を変更できることを突き止める。第8巻17章にも引用あり。

新しい料理の発見は、新しい惑星の発見より人類にとって重要である。

第3巻15章「進化論への一刺し」

ブリア＝サヴァランの『美味礼讃』にある言葉。昆虫は植物食だったり肉食だったりと、決まった食物しか食べない。いっぽう人間は何でも食べる雑食である。どんな気候でも、季節でも、地域にとらわれることなく食物を得ることができる。小麦をこねて熱い石の間でパンを焼くことを発明した者は、二百番目の小惑星を発見した者よりも称賛されるだろうと引用されている。そしてファーブルは「この警句《アフォリズム》は、そのユーモラスな表現にもかかわらず重大な真理を含んでいる」と述べている。

◉クモを獲物にする狩りバチ

◉第4巻1章

▼キゴシジガバチ——煖炉に造られる泥の巣（集）
▼るりじがばち（岩）
▼陶器工のペロペウス（叢）

オウシュウキゴシジガバチは、幼虫の食物として泥で作った巣にクモを蓄える狩《か》りバチである。このハチは人家の中に入ってきて巣を作る。私の家では煙をものともせず暖炉の壁に巣を作った。製糸工場のボイラーや醸造所の竈《かまど》も好まれる。なぜ暖かいところなのか。

巣の材料は水辺の泥が使われる。完成した巣は水がかかると崩れてしまう。ヌリハナバチの泥の巣のように乾くと強固になるものではないのだ。小部屋に獲物のクモを蓄えると卵を産みつけ入り口を塞ぐ。複数の小部屋が全部完成すると、その上から全体を泥で覆ってしまう。ルーヴル宮殿のように優美だった小部屋の集団は、大きな泥の塊が跳ねて壁にはりついたような、無残な姿になってしまう。

◉第4巻2章

▼ヒメベッコウ——クモの狩人（集）
▼ひげべっこうばち——るりじがばらの食物（岩）
▼姫鼈甲蜂——ペロペウスの食物（叢）

オウシュウキゴシジガバチはクモを獲物にする狩《か》りバチである。ヒメベッコウも幼虫の食物としてクモを、泥で作った巣に蓄える狩りバチだ。泥の巣の内部には唾液が塗られ、キゴシジガバチの巣よりも雨や湿気に強い。キゴシジガバチは獲物のクモの種《しゅ》は選ばないが、成体よりも幼体を選ぶようだ。重要なのは巣の入り口を通れるかどうかの大きさらしい。5匹から12匹、平均して8匹のクモが蓄えられる。

ハチはクモに乱暴に飛びかかり、微妙な麻酔術が施されているようにはみえない。獲物は死んでいるのか。卵は最初のクモに産みつけられ、孵化《ふか》した幼虫は古い獲物から食べ進む。幼虫はやがて繭《まゆ》を作って蛹《さなぎ》になり、そして羽化する。こうして年に二世代が育つ。

◉本能と知性

◉第4巻3章

▲巣を作る材料の泥を集めるオウシュウキゴシジガバチ。

▼無分別な本能――昆虫に理性はあるのか（集）
▼本能のくるい（岩）
▼本能の錯誤（叢）

人間の知性と昆虫の知性は異なったものなのか。本能とはいったいなんなのだろうか。昆虫の行動は、目的を達成するため実に見事に組み立てられている。それを観察と実験で確かめることが動物学の高い目標である。キゴシジガバチは巣の獲物を取り除いてしまうと何度でも獲物を運んでくる。巣の小部屋を取り除いても巣の上塗りの作業を中断することはない。その本能の頑固さは、かつてカベヌリハナバチの実験でも見たものだ。

オオクジャクヤママユは繭《まゆ》作りを邪魔されても作業の手順を変えない。愚《おろ》かな作業が死の危険を招くことになっても本能はそれを続けさせる。突発的な事故が起こっても、本能は手順をさかのぼってやり直す行動を命令しないのだ。昆虫には理性の光はみられない。

◉第4巻4章

▼ツバメとスズメ――人家に巣を造る鳥と虫（集）

▼つばめとすずめ（岩）
▼燕と雀（叢）

暖炉の暖かさを求めて家の中に入って巣作りをするオウシュウキゴシジガバチは、かつて南国からやってきた。まだフランスの気候に慣れていないハチなのではないだろうか。ツバメもスズメも人家に巣を作る。ハチや鳥は誰に営巣《えいそう》場所を教わったのだろうか。それは、よりよい場所を選んだにすぎない。

ツバメやスズメの先祖は、大昔はどこに巣を懸《か》けていたのだろうか。彼らは昔のことは忘れてしまったのだろうか。

キゴシジガバチのなかには、今も平たい石の下に巣を作るものがいる。しかし、それは湿気を帯びて正常な状態ではない。彼らはもっと乾燥した土地の住人なのだ。キゴシジガバチは南仏に帰化しつつあるアフリカ生まれのハチなのではないか。

◉本能とそれ以外の能力
——獲物や巣の材料を変更する能力（集）

◉第4巻5章

▼識別する力と本能
▼本能と識別力（岩）
▼本能と識別力（叢）

ハチの巣作りもヤママユガの繭《まゆ》作りも本能の命ずるままに進んでいく。それは精密な行動の積み重ねとして結果に現れる。しかし本能は突発的な事故が起きると、無能さを発揮する。

将来、死を招くような状況になっても、それを回避しようとしない。本能は完成された能力で、固定的なものなのだ。キゴシジガバチは獲物のクモを、ハキリバチは巣の材料となる葉を、一つの種《しゅ》にこだわらず、手に入るものを利用する。

このような現実に即した柔軟性を私は「識別力」と呼んでおこう。これは進化論者の言う自然選択によって蓄積される性質のものではない。識別力とは、獲得された能力ではなく、潜在的に具《そな》わったもので、必要になると現れる能力なのだ。

◉第4巻6章

▼最小の労力で仕事をする

▲スズメ（イエスズメ）。

――力を節約するもう一つの能力(集)
▼力の節約(岩)
▼力の經濟(叢)

動物の行動を司《つかさど》る本能には「識別力」が具《そな》わっている。これは本能の陰《かげ》で普段は眠っている予備の能力である。ツツハナバチは、利用できる空間があれば、自分で巣を作らないでそれを利用して労力を節約している。このハチは細い直径のアシの茎を利用して巣を作る。

ハチたちは、人間と同じように効率の良さを求めるのだろうか。多くのツツハナバチやヌリハナバチの仲間は古い巣を再利用する。

スズメも人家に巣を懸《か》け、巣作りの労働を軽減させている。今、スズメがプラタナスの木に巣を作るのは、進歩ではなく、古い習性への回帰なのだ。虫は最小の努力で最大の効果を得ようとする。時間、材料、労力は少ないほど良い。

そのいっぽうで本能は虫に行動の不変を強いる。虫の行動はとても精密だが、それはただ本能に従っているにすぎない。

◉第4巻7章

▼ハキリバチ

――融通のきかない巣造りと臨機応変の材料選び（集）

▼はきりばち（岩）

▼葉切り蜂（叢）

本能は固定した能力である。しかし動物が生きのびるためには、細かな調節を行う別の能力も具《そな》わっている。

モズは巣作りに植物のワタを使うが、役に立てば植物の種《しゅ》は問わない。ハキリバチの仲間も巣を作る葉の種は問わない。巣の底と入り口には丈夫で滑らかな綿毛の生えた葉でバリケードを築く。小部屋には表面が滑らかな葉を使う。材料は、目的にさえ合っていれば良いのだ。

条件が合えば見たこともない外来植物さえ使う。本能は本質において不変だが、細部は微妙に調節されている。それは突然に変わり、徐々に変化するのではない。ハキリバチの巣作りの材料は多様だが、作り方の方法は決まった通りに行われる。

◉モンハナバチの巣作り

◉第4巻8章

▼モンハナバチ

――植物の綿毛を集めて小部屋を造る（集）

▼もんはなばち（岩）

▼綿の蜜蜂（叢）

モンハナバチは植物の綿毛を集めてフェルト状の袋を作り、巣の小部屋にする。巣穴は自分で掘らず、植物の茎や他の生き物が掘った穴の中にフェルトの小部屋を並べる。住まいを作る重労働と小部屋を作る芸術的な仕事は両立しないのだ。

ハチは集めた植物繊維を漉《す》いて、ほぐして、押しつけながら小部屋の形を整える。その中に花粉と蜜を蓄えて卵を産みつけてから口を閉じる。巣の材料には未知の外来植物も利用される。それは個体が選んでいるだけで、遺伝によって子孫に伝えられる性質のものではない。

それは突然起きることで、進化論者が言う生物が時間をかけて変化し、遺伝していくという考えを否定し

▲モンハナバチ。

ている。

◉第4巻9章
▼樹脂で巣を造るモンハナバチ
――形態は行動を決定しない（集）
▼樹脂を捏ねる虫々（岩）
▼松脂の蜜蜂（叢）

モンハナバチの仲間には、綿毛で巣の小部屋を作る種《しゅ》と、樹脂で小部屋を作る種とがある。両者は巣作りの方法が異なるのに、分類学者は同じ仲間だと主張する。進化論者は本能は変化するのだと言う。行動の異なるモンハナバチの体には、ほとんど違いが見られない。

ところが分類学の権威は、モンハナバチの口にある大腮《おおあご》の特徴で綿毛で巣作りをする種と、樹脂で巣作りをする種の違いが区別できるという。しかし、その特徴は双方に重複する部分が多く、分類の根拠としては不正確だ。道具が機能を決定するわけではない。

では行動が器官を決定するのだろうか、それとも器官が行動を決定するのだろうか。道具が職人を作るわけではないのだ。

◉狩りバチの親の食物

◉第4巻10章

▼ドロバチの狩り
　——筒状の空間を利用して巣を造る狩りバチ（集）
▼どろばち（岩）
▼壁屋のオデネルス（叢）

ドロバチの仲間は、幼虫の食物としてゾウムシやハバチの幼虫を巣に蓄える狩《か》りバチである。巣は土に巣穴を掘るもの、アシの茎やカタツムリの殻の空間を利用するものがいる。

オウシュウハムシドロバチはアシの茎にドロノキハムシの幼虫を蓄えて産卵する。アシの茎の節を削り、泥で仕切りを作る。このハチは大工仕事も左官仕事もするのである。

ドロバチの狩りのようすを娘と別々に観察する。ハチは獲物の胸を3回刺していた。娘と私の観察は同じだった。ハチはときどき獲物の尻を咬《か》む。異臭を放つ体液を吸っているようだ。

◉第4巻11章

▼ミツバチハナスガリ——ミツバチの暗殺者（集）
▼みつばちはなすがり（岩）
▼蜜蜂殺しのふしだか蜂（叢）

狩《か》りバチの成虫は普通、花の蜜を吸って暮らしている。獲物を狩るのは幼虫のためである。

ところがオウシュウハムシドロバチの成虫は、獲物の体液を吸っていた。ミツバチハナスガリも獲物のミツバチを狩ると、締め上げて嗉嚢《そのう》に蓄えられていた蜜を吸う。これは自分の食物なのか。それとも幼虫にとって蜜は有害なのか。

ツツハナバチは親子とも花粉と蜜を食物にする。幼虫に花粉と卵白を混ぜた食物を与えて飼育すると、普通に育った。

進化論者ならこう言うのだろうか。太古のハナスガリは親子とも肉食であった。しかし狩りは重労働なので成虫が食物を蜜に変更した。これが狩りバチ親子の食物が別々である起源だと。私にはそんなことは信じられない。

▲ミツバチハナスガリ。

◉狩バチの麻酔のかけ方

◉第4巻12章

▼ジガバチの狩りの方法
　　――獲物が異なっても変わらない麻酔術(集)
▼じがばちの方法(岩)
▼じが蜂の方法(叢)

昆虫学への私のささやかな貢献は、形態を記録する博物学者ならツチハンミョウの過変態《かへんたい》やホシツリアブの幼虫の二つの型について、卵の神秘を探る発生学者ならツツハナバチの産卵についての研究を評価してくれるだろう。そして本能については哲学者が狩《か》りバチの獲物への麻酔の発見について栄冠を与えてくれるだろう。

ジガバチの狩りを釣鐘形ガラス容器の中で観察する。アラメジガバチはヨトウムシの体節を針で刺し麻酔をかける。ユリウスジガバチはシャクトリムシに麻酔をかける。いずれも例外はあるが胸部の第一節を刺し、首筋を大腮《おおあご》で咬《か》む。獲物の姿が異なってもジガバチの仲間の狩りの手順は変わらない。

◉明らかになったツチバチの狩り

◉第4巻13章

▼ツチバチの狩りの方法――獲物の弱点を一撃する（集）
▼つちばちの方法（岩）
▼あかすぢ蜂の方法（叢）

狩《か》りバチは獲物の神経節が集中した一点に針を刺して麻酔をかける。麻痺《まひ》した獲物は腐ることのない幼虫の食物となる。『昆虫記』第3巻で地中のハナムグリの幼虫を狩るツチバチの狩りについて予想をしておいた。地中の狩りが観察できなかったからだ。

今回、釣鐘形ガラス容器の中での観察ですべてが明らかになった。攻撃する一点の予想は的中したが、獲物が防御の姿勢をとるだろうという推測ははずれていた。フタスジツチバチもミダレツチバチも、それぞれの獲物の決まった一点に針を刺し、その一撃で麻酔が効いていた。

◉観察に失敗することもある

◉第4巻14章

▼ベッコウバチの狩りの方法
――クモの毒牙を無力化する（集）
▼べっこうばちの方法（岩）
▼鼈甲蜂の方法（叢）

ヨーロッパ最大のナルボンヌコモリグモを獲物とするオビベッコウの狩りを観察する。毒牙をもつクモの攻撃を避けるために狩《か》りバチは一撃で仕留める必要がある。釣鐘形ガラス容器の中で観察する。クモはハチに飛びかかるが、ハチは無傷であった。それ以上のことは観察下では起こらなかった。

そこで野外のクモの巣に金網をかぶせ、ハチを中に入れて観察を続けた。パイプに火をつけ腹ばいになって待つが期待は裏切られた。金網をガラスに代えてもけっきょく狩りのようすは観察できなかった。

ドウケオビベッコウがナガコガネグモを狩る行動を観察する。ハチは予想されたクモの体の部分とは違う一点を刺した。

◉反論するファーブル

◉第4巻15章

▲ベッコウバチが獲物のクモを巣穴へ運び込もうとしている。

▼私への反論と、それへの返答
――狩りバチの本能についてのまとめ（集）
▼反対論とお答え（岩）
▼異論と辯駁（叢）

狩《か》りバチが獲物に麻酔をかける行動は本能によって司《つかさど》られている。

獲物に針を刺す一点は、ハチの刺しやすさではなく麻酔がよく効く一点である。そこは獲物の神経節が集まった狭い一点なのだ。これは私の数多くの狩りバチの観察から導き出された事実である。ハチは刺しやすいところを刺しているのだ、という机上の空論は控えてほしい。

麻酔が効かないとハチの卵や幼虫は巣の中で危険にさらされることになる。ある人たちは、ハチの毒液は防腐剤だと言う。しかし獲物は死んでいない。ツチバチに麻酔をかけられたハナムグリの幼虫は、9か月のあいだ仮死状態で新鮮であった。

◉第4巻16章

▼ハナバチの毒――ミツバチの毒を使った実験（集）

▼みつばち類の毒（岩）
▼蜜蜂の毒（叢）

ハチの毒とは何か。ミツバチに刺されると痛いが、狩《か》りバチに刺されてもそれほどではない。狩りバチの獲物にミツバチの毒針を使って麻酔をかけてみた。キリギリスは4日で死に、アオヤブキリも死んでしまった。ミツバチの毒は強すぎるらしい。しかし太ったハナムグリの幼虫には効果がなかった。カマキリの前脚の付け根を刺すと鎌に麻痺《まひ》が起こった。

ラングドックアナバチのようにコバネギスの前脚の付け根に刺すと1か月麻酔が効いた。それは毒の質ではなく、針を刺す一点が重要なのだ。毒牙で武装したクモを狩るベッコウバチは、一撃で仕留められなければ子孫は残せない。自然選択はこの狩りの方法をどう説明するのか。

◉薪に棲む昆虫たち

◉第4巻17章

▼カミキリムシ――木の幹に住む幼虫（集）
▼かみきりむし（岩）

▼天牛（叢）

薪《まき》になった樫《かし》の幹にはさまざまな虫が冬ごもりをしている。タマムシの幼虫が掘ったトンネルにはツツハナバチやハキリバチが巣を作っている。

生木のところにはカミキリムシの幼虫が住んでいる。この虫は大腮《おおあご》で坑道を掘り、木屑《きくず》を食べている。このイモムシのような幼虫は幹の中で3年かかって育ち、蛹《さなぎ》を経て成虫に変態して木から脱出する。カミキリムシの成虫には幹を齧《かじ》る力はない。どうするのか。幼虫は、脱出用の窓をつけた蛹室《ようしつ》を作ってから蛹になっていた。小さな幼虫は、羽化したあとのことをあらかじめ準備していたのだ。

その能力は感覚や経験によるものではない。虫に必要な能力は生まれながらに具《そな》わっているのだ。

◉第4巻18章

▼キバチ――樹木に卵を産むハチ（集）
▼きばち（樹蜂）の問題（岩）
▼獨脚蜂の問題（叢）

▲木の幹に産卵するアカアシクビナガキバチ（日本産）。

木の幹の中で育つカミキリムシの幼虫は、種《しゅ》が異なっても姿はどれも似ている。しかし蛹《さなぎ》になるために作る蛹室《ようしつ》の形態は種ごとに違っている。カミキリムシは成虫になると木の幹を掘れないので幼虫のあいだに脱出用の出口を用意しておく。

ポプラの幹で幼虫が育つキバチは、成虫になっても幹を齧《かじ》ることができるので、幼虫は脱出の準備をしない。キバチの成虫は体が硬いので極端に曲がった坑道は掘れない。それでも弧を描いて最短の距離を掘り進む。その坑道は美しい曲線を描いている。

◉新たな『昆虫記』の出発

◉第5巻

▼はじめに（集）
▼はしがき（岩）
▼緒言（叢）

「母性は本能に霊感《インスピレーション》を与える至高の存在である」という言葉が引用され、巣作りをして子を育てるハチや、幼虫の餌となる糞球《ふんきゅう》に卵を産みつけるスカラベなどのことが紹介される。

第1巻で語られたスカラベの話（一八七九年頃）から18年後の今回、ふたたび論じられる第5巻の巻頭の言葉。

◉タマオシコガネの卵を発見する

◉第5巻1章

▼スカラベの糞球
——糞球はどのようにして造られるのか（集）
▼聖たまこがね——団子玉（岩）
▼聖大玉押コガネ——丸薬（叢）

タマオシコガネ（スカラベ）は羊や牛の糞《ふん》を転がし、地下の巣に収納して食物とする。糞球《ふんきゅう》は糞を球形に抉《えぐ》り取り、それを頭部の頭楯《とうじゅん》や前脚で押し固める。糞球は、転がることで丸められるのではなかった。

さまざまな糞虫《ふんちゅう》が糞を食物として巣に蓄える。多くのものは、糞の直下に巣穴を掘り、そこに糞を落とし込む。しかしタマオシコガネの巣への運搬法がいちばん見事だろう。

昼間、糞虫は糞の匂いを嗅《か》ぎつけると地下の巣穴から飛び出してくる。タマオシコガネや糞虫が地上の糞を食べることで大地は浄化されているのだ。

◉第5巻2章

▼スカラベの梨球——育児用の糞球（集）
▼聖たまこがね——梨玉（岩）
▼聖大玉押コガネ——梨（叢）

牛飼いの青年が西洋梨のような形の糞球《ふんきゅう》をもってきた。中にタマオシコガネ（スカラベ）の卵が入っているという。草地を掘り返してみると巣穴の小部屋に糞《ふん》の梨球《なしだま》と母親がいた。卵の入った梨球は地下の巣で作られるのだ。

私の推理は間違っていた。梨球を作る糞は親が食べるものより上質で、卵の入っている尖《とが》った部分は湿度を調節する構造になっている。梨球の優美さは、子供が見ても美しいと感じられる性質のものだ。

◉第5巻3章

▼スカラベの梨球造り
——梨球の首に造られる孵化室（集）
▼聖たまこがね——肉付け（岩）

▲巣で作られたタマオシコガネの梨球。尖った部分（右）に卵が産みつけられている。

▼聖大玉押コガネ——塑像製作（叢）

梨球《なしだま》はどのように作られるのか。転がして丸めるのではなかった。飼育箱で観察したが場所が狭くて作ることができなかった。地下の巣穴で梨球は1〜2日で作られる。壜《びん》の中で卵が産みつけられる梨球の尖《とが》った部分の作り方を観察する。

タマオシコガネ（スカラベ）は前脚と頭楯《とうじゅん》を使って梨球を作る。虫は身に具《そな》わった道具で、なすべき仕事を完璧に行うのだ。

◉梨球の形に秘められた機能美

◉第5巻4章

▼スカラベの幼虫——糞を使って梨球を修理する（集）
▼聖たまこがね——幼虫（岩）
▼大玉押コガネ——幼虫（叢）

タマオシコガネ（スカラベ）の卵は、梨球《なしだま》の尖《とが》った部分に産みつけられていた。

孵化《ふか》した幼虫は梨球の中心に向かって食い進む。梨球に穴を開けてみた。すぐに幼虫が内側から自分の糞《ふん》で穴を塞いだ。

　幼虫を取り出して壜《びん》に糞といっしょに入れると、球形の部屋を作った。幼虫は食物の糞が穴が開いて乾燥して食べられなくなることを恐れているのだ。

◉第5巻5章

▼スカラベの羽化――雨を待って梨球を脱出する（集）
▼聖たまこがね――蛹、解放（岩）
▼大玉押コガネ――若虫（叢）

タマオシコガネ（スカラベ）の幼虫は糞《ふん》で作られた梨《なし》球《だま》の中で内部を食べて育つ。幼虫はやがて琥珀《こはく》のような美しい蛹《さなぎ》に変身する。蛹の前脚には成虫と同じように跗節《ふせつ》がついていない。

　古いエジプトの記録では跗節があるという。それは間違いだ。蛹から成虫に羽化するまでに約1か月かかる。梨球は乾燥して硬くなっている。タマオシコガネが外に出るためには、梨球を軟らかく湿らせる雨が必要なのだ。

◉タマオシコガネの本能

◉第5巻6章

▼オオクビタマオシコガネとヒラタタマオシコガネ
　――スカラベの近縁種の糞球（集）
▼大頸たまこがね、くろひらたこがね（岩）
▼廣頸大玉押コガネ――玉押コガネ（叢）

プロヴァンスには何種《しゅ》かのタマオシコガネの仲間がいる。オオクビタマオシコガネは二つの梨球《なしだま》を作る。ヒラタタマオシコガネは糞《ふん》をその場で食べ、糞球《ふんきゅう》は幼虫のためだけに作る。地下でスズメの卵のような糞球を作り卵を産みつける。

　幼虫の成長はタマオシコガネと同じである。巣を壊すと母親はすぐに巣を作り直し、糞を蓄えた。何度やっても巣を直す。今度は卵の産みつけられた糞球を巣の外に出してみる。母親は何もしない。本能は終わってしまったことには無関心なのである。

◉イスパニアダイコクコガネの子育て

◉第5巻7章

▼イスパニアダイコクコガネ
　――卵のためだけに造られる糞球（集）

▲地下の巣穴を掘るとイスパニアダイコクコガネの雌が糞球を守っていた。

▼イスパニアだいこくこがね——産卵（岩）
▼西班牙ダイコクコガネ——産卵（叢）

イスパニアダイコクコガネは糞《ふん》を転がさない。糞を見つけるとその下に巣穴を掘り、巣の小部屋に糞を蓄える。1週間ほど発酵させて3～4個の糞球《ふんきゅう》を作り卵を産みつける。母親は糞球を五月から九月まで守っている。糞球から母親を取り除くと、糞球の表面にはカビが生えてしまう。

糞を丸めたものを与えると、それに卵を産みつけた。どうして糞球に卵がないことがわかるのか。その虫の感覚を想像することはできない。

◉第5巻8章

▼イスパニアダイコクコガネの子育て
——羽化するまで糞球の世話を続ける母親（集）
▼イスパニアだいこくこがね——母虫の習性（岩）
▼西班牙ダイコクコガネ——母虫の習性（叢）

普通の昆虫はたくさんの卵を産みっぱなしにする。生き残るものはわずかだ。ダイコクコガネは3～4個の糞球《ふんきゅう》に卵を産んで世話をする。

　南米に棲《す》む糞虫《ふんちゅう》も同じように数少ない糞球を世話して幼虫を育てていた。これらの仲間は巣に他の雌の糞球を入れても、自分のものと同じように世話をする。数が増えることを気にしないのだ。夏、雨が降ると母親は子供といっしょに地上へ出て、4か月ぶりに食事を始める。

◉蛹のときにだけある角の不思議

◉第5巻9章

▼エンマコガネとヒメテナガダイコククコガネ
——糞虫の角は何の役に立っているのか(集)
▼くろまるこがね、きあしつのこがね(岩)
▼クロマルコガネ。《ママ》——ツノコガネ(叢)

南仏のエンマコガネは、どの種《しゅ》も背面が美しい点刻や条《すじ》で飾られている。雄は頭部に2本や3本の角《つの》をもつ。エンマコガネやヒメテナガダイコククコガネは糞《ふん》球《きゅう》は作らず、簡素な巣穴に糞《ふん》を蓄えて卵を産みつける。

　エンマコガネの蛹《さなぎ》の前胸《ぜんきょう》には成虫にない角が生えている。雄の成虫がもつ頭部の角は糞集めには役立たない。蛹《さなぎ》のときにしかない胸の角は何か。偶然できたものが子孫に伝えられ、洗練されていくという進化論者の考えでは説明できないのではないか。

◉センチコガネ(雪隠黄金)の子育て

◉第5巻10章

▼センチコガネ——地上の衛生を守るもの(集)
▼せんちこがね——一般衛生(岩)
▼センチコガネ——一般衛生(叢)

社会生活をおくるハチを除けば、昆虫は自分の親と出会うことはない。しかし糞虫《ふんちゅう》は例外で、親子で糞《ふん》を食べていることがある。センチコガネは12匹で騾馬《らば》1頭分の糞を一晩で地下に埋める。食べる分より多くを蓄え、それは植物の肥料になり、育った草は羊の食物になる。その羊は人間のご馳走《ちそう》になる。

　夕暮れどきにセンチコガネが飛ぶと翌日は晴れだという。虫は人間にはわからない気象の変化を感じているのか。

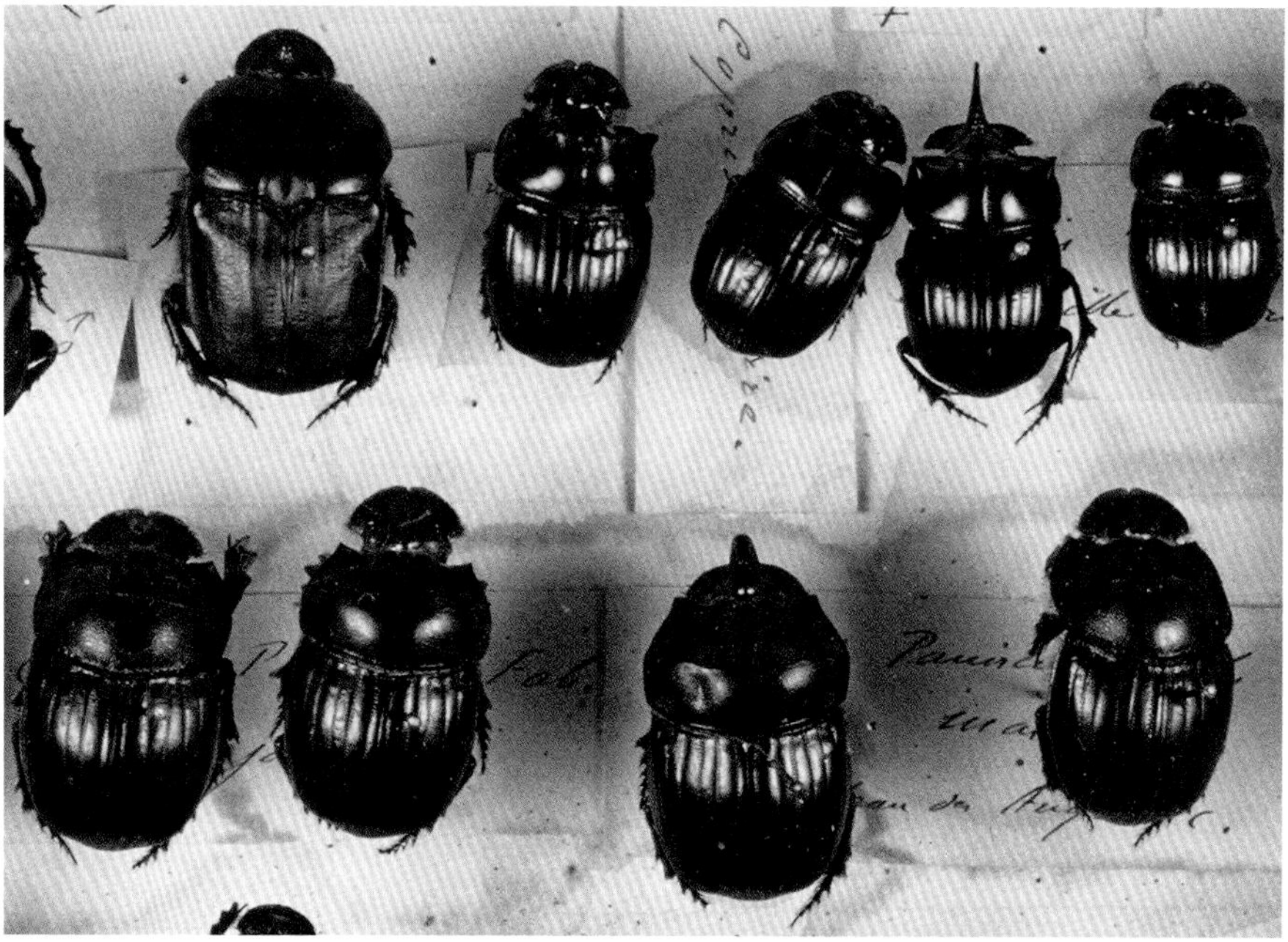

▲ファーブルが収集したエンマコガネなどの糞虫の標本。

◉第5巻11章

▼センチコガネの巣造り
——夫婦で糞を巣に運び込む(集)
▼せんちこがね——巣のいとなみ(岩)
▼センチコガネ——巣作り(叢)

センチコガネの学名は「土掘りの」というもので、繁殖や越冬のために地面に巣穴を掘る。幼虫のために巣穴に糞《ふん》が蓄えられる。巣作りは夫婦で行われる。子育てをする生き物には、魚、蛙、鳥、そして人間がいる。センチコガネも同じだ。

センチコガネの体の構造を詳しく説明する本はあるが、その家族の生活を明らかにしたものは、これまでなかった。

◉第5巻12章

▼センチコガネの幼虫——地中での冬越し(集)
▼せんちこがね——幼虫(岩)
▼センチコガネ——幼虫(叢)

巣穴の中のセンチコガネの卵は1~2週間で孵化《ふか》す

る。幼虫は親が蓄えてくれた糞《ふん》を食べて育つ。たくさんの糞は防寒にも役立つ。幼虫の脚は弱々しく、歩くためには役立たない。

しかし成虫になれば脚は力強いものに変化する。零下10度以下に冷えた晩、飼育箱のセンチコガネは全滅してしまった。しかし幼虫と卵は生きのびていた。六月の末に新しく産まれたセンチコガネが地上に出てきた。

◉南仏を代表する昆虫、セミ

◉第5巻13章

▼セミとアリの寓話――セミに対する誤解（集）
▼蟬と蟻との寓話（岩）
▼蟬と蟻の寓話（叢）

ラ・フォンテーヌの『寓話《ぐうわ》』には、将来を考えず歌い暮らすセミが描かれている。勤勉な象徴はアリだ。実はラ・フォンテーヌはセミを見たことがなかった。

この話はもともと古代ギリシアのイソップが書いたものだ。ギリシアにはセミが豊富なのにイソップはそれを確かめなかったのか。寓話の源流はインドにあるという。

私はセミへの誤解を解いてやりたい。本当はセミが勤勉で、アリは略奪者なのだ。友人がプロヴァンス語で書いた詩を紹介する（実はファーブル自作の詩）。

◉第5巻14章

▼セミの幼虫――地中の巣穴からの脱出（集）
▼蟬――地下の穴からどうして出てくるか（岩）
▼蟬――穴を出づ（叢）

北フランスにはセミがいないので、大昆虫学者レオミュールはアルコール漬けのセミで研究していた。私は南仏でセミとともに暮らしている。

夏至の頃、セミの幼虫が地上に出てくる。脱出口のまわりに残土がないのが不思議だ。幼虫は渇いた土の中にいたのに、泥まみれで出てくる。自分の小便で土を湿らせ内壁を補強しているのだ。

脱出まもない幼虫をふたたび土に埋めると脱出できず死んでしまう。水分を使い果たしていたのだ。水分を蓄えた幼虫を埋めると無事に地表へ出てくる。

▲トネリコゼミ（カンカンゼミ）がワイン用のブドウ畑で鳴いている。

◉**第5巻15章**

▼セミの羽化――地上での変態（集）
▼蟬――変態（羽化）（岩）
▼蟬――變態（叢）

地上へ出てきたセミの幼虫は、前脚で体を垂直に固定する。背中が割れて成虫の上半身が現れる。やがて体を起こして尾端を殻から抜く。体が乾くと飛び立っていった。羽化には3時間半かかった。

アリストテレスはセミの幼虫が美味しいと書き残している。家族で食べてみると小エビのような味だが、人にすすめられるものではなかった。古代ローマの医師は幼虫が腎臓の薬になるという。これはセミが飛び立つときに小便をすることに由来する迷信だろう。

◉**第5巻16章**

▼セミの鳴き声――何のためにセミは歌うのか（集）
▼蟬――歌（岩）
▼蟬――歌（叢）

家の近くには5種のセミがいる。セミの歌の研究ができるのは、セミの分布域に住む人の特権である。雄ゼミが鳴く体の構造を調べる。

　では、雄が鳴く理由は何か。雌を呼ぶためとよく言われるが本当か。鳴くセミの近くで大砲を撃つ。しかしセミは知らん顔で鳴いていた。セミは生きる歓びのために鳴いているのではないか。

◉第5巻17章

▼セミの産卵――小枝で孵化した幼虫が地中に潜る(集)
▼蟬――産卵――孵化(岩)
▼蟬――産卵――孵化(叢)

七月になるとセミは枯れ枝に穴を開けて卵を産みつける。卵は小さな葉巻形をしており、一〇月には眼《め》が見えてくる。一〇月の末に小さな幼虫(前幼虫《ぜんようちゅう》)が枯れ枝から出てきた。穴の出口で脱皮すると普通の幼虫の姿になった。

　この幼虫を飼育してみたが、みな死んでしまった。三月に畑を掘ると大中小の幼虫が見つかった。推測するにセミは、地中で4年間暮らして、地上に出て羽化する。そして約1か月のお祭りの時を過ごすようだ。

◉カマキリの狩りと産卵

◉第5巻18章

▼カマキリ――拝み虫の狩り(集)
▼かまきり――猟(岩)
▼蟷螂――獵(叢)

カマキリはプロヴァンス語では「拝み虫」、フランス語では「敬虔《けいけん》な巫女《みこ》」、ギリシア語では「占い師」と呼ばれる。

　慈悲を乞うように揃《そろ》えられた前脚は、恐ろしい殺戮《さつりく》の道具だ。カマキリは生きた虫だけを食べる。大きな獲物も翅《はね》を広げ、腹部を反らせて威嚇《いかく》する。驚いて動けなくなった獲物は餌食となる。

　雄は体が小さく飛ぶことができるが、雌は太っていて飛ぶことができない。雌は大食だが口は小さい。獲物は急所の首筋から齧《かじ》り、完全に殺してから食べる。

◉第5巻19章

▼カマキリの恋愛――命がけの交尾(集)
▼かまきり――恋(岩)

▲クシヒゲカマキリがアザミにとまって「拝み虫」のポーズをしている。

▼蟷螂――戀（叢）

カマキリは前脚を揃《そろ》えている姿から「拝み虫」と呼ばれるが、恐ろしい肉食の昆虫である。食物が充分であっても共食《ともぐ》いをする。交尾のときは大きな雌の背に小さな雄が飛び乗る。交尾がすむと雄はその日か翌日に雌に食べられてしまう。

狭い籠の中ではなく自然ではどうか。逃げる間もなく食べられる雄もいた。雌が雄を食べるのは、カマキリが出現した大昔が、生き残るのに大変だった名残りなのだろうか。

◉第5巻20章

▼カマキリの巣――泡で卵を包んだ卵嚢（集）

▼かまきり――巣（岩）

▼蟷螂――巣（叢）

黄金色のカマキリの卵のことは、専門用語では卵嚢《らんのう》（卵鞘《らんしょう》）と呼ぶが私は「巣《ニド》」という言葉を使いたい。卵は、その内部に弧を描くように並んでいる。中央は幼虫の脱出地帯になっている。

雌が産卵するようすを観察する。振り子のように動く腹部の先端が複雑な「巣《ニド》」を作る。卵は約４００個入っていた。

カマキリの「巣《ニド》」は南仏でティーニョと言う。しもやけや歯痛の薬になるという。誰がこんな迷信、無邪気なことを言い始めたのだろう。

◉第5巻21章

▼カマキリの孵化――どんどん減っていく幼虫（集）
▼かまきり――孵化（岩）
▼蟷螂――孵化（叢）

カマキリの卵は六月中旬に孵化《ふか》する。「巣《ニド》」（卵鞘《らんしょう》）から小魚のような姿の幼虫（前幼虫《ぜんようちゅう》）が次々に出てくる。出口で脱皮すると本来の幼虫の姿になる。たくさん生まれても幼虫はアリやトカゲにどんどん食べられる。

サクランボ同様、多産なものは他の生き物に食物を提供するのだ。アリがカマキリを食べるのは食物連鎖を逆行しているようにみえる。世界は巡って、やがて自分に立ち返る環《わ》なのである。

◉第5巻22章

▼クシヒゲカマキリ
――〝小悪魔〟と呼ばれる奇怪な虫（集）
▼くしひげかまきり（岩）
▼アンピユーズ（叢）

南仏の虫でもクシヒゲカマキリは変わった姿をしている。腹は反り返り、頭部には三角帽を被っている。幼虫は小食で複数で飼育しても共食《ともぐ》いをしない。

五月半ば、幼虫はすべて脱皮を終えて成虫になった。交尾をしてもウスバカマキリのように雌が雄を食べることもない。

雌の産んだ「巣《ニド》」には卵が2ダースあった。同じ仲間でも大食いのウスバカマキリ、小食のクシヒゲカマキリでは司《つかさど》る本能が異なっている。

◉夫婦で子育てをする糞虫

◉第6巻1章

▼アシナガタマオシコガネ――父親の本能（集）
▼あしながたまおしこがね――父性の本能（岩）
▼シジフ――父性の本能（叢）

▲アシナガタマオシコガネの番《つがい》が糞を転がしている。

多くの昆虫は卵を産みっぱなしにする。ハチは雌だけが子育てをし、雄は手伝わない。しかし糞虫《ふんちゅう》には雌雄で幼虫の食物を準備するものがいる。タマオシコガネ、ダイコクコガネ、センチコガネを見てきた。

アシナガタマオシコガネはフランス最小の糞球《ふんきゅう》を転がす糞虫である。糞球を雌が引き雄が押す。地中に糞球が蓄えられると雌は巣穴にとどまり、雄は地上で雌を待つ。雌が出てくると、ふたたび雌雄は新しい糞《ふん》を探しに出かける。七月初旬に新しい成虫が生まれてきた。雌は平均9個の卵を産んでいた。

◉第6巻2章

▼ツキガタダイコククコガネとヤギュウヒラタダイコククコガネ

——父親が子育てを手伝う糞虫（集）

▼つきがただいこくこがね

——やぎゅうおおつのこがね（岩）

▼月形ダイコクコガネ——オニテイス・ビソン（叢）

ツキガタダイコククコガネは雌雄で巣穴に7～8個の糞《ふん》球《きゅう》を作る。雄がいるから糞球の数が多いのか。

イスパニアダイコクコガネは雌だけで作業をし、それも2~3個しか作らない。ヤギュウヒラタダイコクコガネも雄が子育てを手伝う。巣穴は5~8本に分岐し、腸詰状に糞《ふん》が蓄えられる。新しい成虫が羽化する前に雌雄は死んでいた。

九月の雨を待って新しいヤギュウヒラタダイコクコガネが地上へ出てきた。

◉幼少の頃のファーブル

◉第6巻3章

▼私の家系——幼い観察者(集)
▼隔世遺伝(岩)
▼間歇遺傳(叢)

人には生まれついた才能があるという。それは計算、音楽、造形の才能だったりする。それは何に由来するのか。遺伝だという人がいる。

ダーウィンは私を「たぐい稀《まれ》な観察者」だと称讃した。なぜ私は昆虫に興味をもったのか。庶民に歴史はなく、私の先祖も2代前までしか遡れない。観察者としての私の資質は遺伝とは考えられない。

子供の頃から知的好奇心はあった。太陽の光を感じるのは、口か目か。幼年時代のかすかな火種《ひだね》は教育によって燃え立つのだ。

◉第6巻4章

▼私の学校——博物学への憧憬(集)
▼私の学校(岩)
▼私の學校(叢)

7歳で入った学校の先生は私の名付け親だった。フランス語とラテン語、九九を習う。

先生は城の管理をし、畑を耕し、床屋や教会の鐘撞《かねつ》きもしていた。ラ・フォンテーヌの『寓話《ぐうわ》』のとりこになる。10歳で中等学校に入り、ギリシア語とラテン語を学び詩人ウェルギリウスに親しむ。

家の貧乏のせいで一度は学校を退学するが、給費制度によって初等師範学校に学ぶことができた。そして中等学校の物理と化学の教師になり、余暇を数学の勉強と生物採集に費やしていた。コルシカ島にいるときに、二人の博物学者に出会い、博物学へ進む決心が固まる。

▲ファーブルが７歳のときに通っていた「学校」。私塾のようなものだったらしい。

◉昆虫の体色

◉第6巻5章

▼大草原《パンパ》の糞虫──遠い外国の虫とフランスの虫（集）
▼パンパスの糞虫類（岩）
▼南米大草原の糞虫（叢）

ブエノスアイレスから糞虫《ふんちゅう》の標本が届いた。カガヤキニジダイコクコガネは、フランスのツキガタダイコクコガネと似た暮らしをしている。この虫は宝石のように美しい。ミロンニジダイコクコガネやフタトゲエンマコガネは、動物の死骸《しがい》と土を混ぜたもので育児球を作る。

近縁の種《しゅ》は、遠く離れた場所に住むものでも、似たような暮らしをしている。本能が昆虫に素晴らしい「球」という形を教えているのだ。

◉第6巻6章

▼虫の色彩──体色は何に由来するのか（集）
▼色彩（岩）
▼彩色（叢）

南米のカガヤキニジダイコクコガネは宝石に負けない美しさをもっている。この色彩を化学的に研究すれば素晴らしい成果が得られるだろう。

極彩色のユーフォルビアスズメの幼虫やナガコガネグモなどの色素は体内の老廃物である。

タマオシコガネ（スカラベ）の象牙色の蛹《さなぎ》が新成虫になると黒くなるのは物質の結合の変化のためだ。体色を決める色素は爬虫類《はちゅうるい》も鳥類も同じものである。ハチドリの美しい羽根の色は、ほんの少しの小便で作られている。

◉モグラやネズミを埋葬する虫

◉第6巻7章

▼モンシデムシ——幼虫の食物として死体を埋葬する虫（集）
▼しでむし——埋葬（岩）
▼埋葬虫——埋葬（叢）

モンシデムシは動物の死骸《しがい》を処理し大地の衛生を守っている。死骸を地中に埋め、それで幼虫を養う。

3匹の雄と1匹の雌がモグラの死骸を地中に埋める。数日後、掘ってみると死骸はベーコンのようになり、雌雄が見張っていた。

五月の終わり、2週間前に埋葬されたドブネズミの死骸には15匹の幼虫と両親がいた。幼虫は蛹《さなぎ》になり五月には成虫になって地上へ出てくる。

◉第6巻8章

▼モンシデムシの実験——埋葬の方法を観察する（集）
▼しでむし——実験（岩）
▼埋葬虫——實驗（叢）

モンシデムシが死骸《しがい》を埋めるとき、地面が硬いと仲間の助けを借りるというが本当か。

モグラやネズミの死骸を煉瓦《れんが》の上に置いたり、五徳に縛りつけたり、木の枝に縛りつけたり、枝に絡ませたり、さまざまな障害を作ってモンシデムシが埋葬する行動を観察する。

モンシデムシは縛ってある死骸は紐《ひも》を嚙《か》み切《き》って、枝に絡めた死骸は突き落として、それを地中に埋めた。しかし虫が原因と結果を関連づけて行動している

▲モグラを埋葬するヨツボシモンシデムシ（日本産）。巣で幼虫に給餌《きゅうじ》する親（円内）。

とは思えない。虫は考えているのではなく、ただ本能に導かれているだけなのだ。

◉キリギリスの変わった繁殖法

◉第6巻9章

▼カオジロキリギリス
——繁殖で見られる奇妙な習性（集）
▼かおじろからふとぎす——習性（岩）
▼額白デクチツク——習性（叢）

南仏のバッタでいちばん立派なのはカオジロキリギリスである。飼育してみると植物は食べない。学名は「齧《かじ》る者《もの》」という意味だ。バッタやキリギリスを与えると食べた。

雄はティック、ティックと鳴く。雌雄が出会うと触角で触り合う。雌は雄を押し倒し、腹部を咬《か》む。雄は逃げてしまった。翌日、腹端《ふくたん》をくっつけている雌雄を見つける。雄は精包《せいほう》を雌に渡し、雌はそれを少しずつ食べる。受精の役を終えた精包は、雌の体を力づける栄養になるのだ。

◉第6巻10章

▼カオジロキリギリスの産卵と孵化
——地中から脱出する幼虫（集）
▼かおじろからふとぎす——産卵　孵化（岩）
▼額白デクチツク——産卵——孵化（叢）

カオジロキリギリスは南仏でしか見られない。その仲間タカネギスは冷涼なヴァントゥー山の斜面に棲《す》む。交尾や産卵はキリギリスと同じ方法だ。カオジロキリギリスの雌は産卵管を地面に突き立てて産卵する。

卵を壜《びん》に採集して観察する。翌年六月になっても変化がない。卵の入った砂を湿らせると幼虫が孵《かえ》った。幼虫は鞘《さや》に包まれた状態で地上まで移動し、脱皮して普通の幼虫の姿になった。

◉第6巻11章

▼カオジロキリギリスの鳴き声
——音を出す翅の構造（集）
▼かおじろからふとぎす——発音器（岩）
▼額白デクチツク——發音器（叢）

セミ、キリギリス、コオロギは昆虫の音楽家である。鳴くのはいずれも雄だけである。

カオジロキリギリスの雄の歌を聞く。音は翅《はね》を擦り合わせて出す。右前翅《みぎぜんし》に太鼓の皮のように音を響かせる「鏡」があり、その縁にはぎざぎざの「摩擦脈」がついている。左前翅には80の刻み目をもつ「弓」がある。「摩擦脈」を「弓」で擦《こす》って音を出すのだ。

コバネギスだけは例外的に、雌雄ともに鳴く虫だ。彼らが鳴く目的とは何か。異性を呼ぶという考えを否定するつもりはないが、生きる歓びを歌っているのではないか。

◉第6巻12章

▼アオヤブキリ
——キリギリスの仲間の肉食と奇妙な受精法（集）
▼あおやぶきり（岩）
▼青キリギリス（叢）

革命記念日の夜、村は祭りで賑《にぎ》わう。夜の演奏家アオヤブキリはフランスでもっとも優雅なキリギリスだ。雌雄を飼って観察する。翌朝、雌の腹に精包《せいほう》がつい

▲アオバネバッタを食べるカオジロキリギリス。

ていた。交尾をしたのだ。精包を介在させたキリギリスの仲間の奇妙な受精法は、古い時代の名残りなのだろうか。

◉南仏で越冬するコオロギとバッタの味

◉第6巻13章

▼イナカコオロギ――巣穴と幼虫の孵化(集)
▼こおろぎ――住居と卵(岩)
▼蟋蟀――巣窟――卵(叢)

セミ同様、コオロギは鳴く虫として有名だ。しかし、寓話《ぐうわ》作家のラ・フォンテーヌもフロリアンも短い不正確な詩しか残していない。私の友人の詩のほうが正確だ。イナカコオロギは巣穴を掘る。近所にいる他の３種は穴は掘らない。地面に産みつけられた卵は10～14日で孵化《ふか》する。

イナカコオロギは一〇月の終わりに巣穴を掘り始めて冬を越す。五月になると春の野原で目覚めの讃歌を歌い始める。(「私の友人」とはファーブル自身のこと。つまり自作の詩が紹介されている)。

◉第6巻14章

▼イナカコオロギの歌
　　──コオロギの仲間の発音と交尾(集)
▼こおろぎ──歌──番(岩)
▼蟋蟀──歌──交尾(叢)

キリギリスは左右の前翅《ぜんし》の構造が異なり、雄は左を右に擦《こす》りつけて鳴く。コオロギは左右の前翅の構造が同じで、雄は右を左に擦りつけて鳴く。左利きのコオロギを探したがいなかった。

雄は雌のために歌う。雄は後ろ向きに雌に近づき、その下に潜り込むと精包《せいほう》を渡す。

星はとてつもない距離や質量の大きさで我々を驚嘆させるが、小さな生きた虫は、興味深さの点でそれをはるかに凌駕《りょうが》している。

◉第6巻15章

▼バッタ──野原での役割と、その鳴き声(集)
▼ばった類──その役目　発音器(岩)
▼蝗虫類──その任務──發音器(叢)

ショウリョウバッタ、トノサマバッタ、イタリアバッタなどは農作物を食い荒らすと言われる。それは僅かな量で、むしろ鳥の大切な食物となっている。シチメンチョウもヒタキもバッタを食べて肥《ふと》り、やがてそれが人間のご馳走《ちそう》になる。

バッタを塩とバターで炒《いた》めるとザリガニかカニのような風味で美味しい。マダラフキバッタの翅《はね》は短く、鳴くことはできない。その理由を進化論者はどう説明するのか。生き物には、私たちが知り得ない後退や、停止、そして飛躍があるのだ。

◉第6巻16章

▼バッタの産卵──地中に産みつけられる卵鞘(集)
▼ばった類──産卵(岩)
▼蝗虫類──産卵(叢)

イタリアバッタは八月に、トノサマバッタは四月に土に産卵する。土の中にはカマキリの「巣《ニド》」(卵鞘《らんしょう》)のような泡の塊があった。カマキリと同じように複雑に腹《ふく》端《たん》を動かして卵鞘を作る。

孵化《ふか》したアオバネバッタは地表へ向かう。地上に出

▲アオヤブキリ。優美なキリギリスの仲間（200頁）。

ると鞘《さや》（前幼虫《ぜんようちゅう》の殻《から》）を脱ぎ、触角や長い後脚を伸ばして本来の幼虫の姿になる。

◉第6巻17章

▼バッタの羽化——小さな虫の完璧さ（集）
▼ばった類——最後の脱皮（岩）
▼蝗虫類——最後の脱皮（叢）

バッタの幼虫（幼生）は、最後の脱皮をすると成虫になる。すなわち羽化である。トノサマバッタの終齢《しゅうれい》幼虫の背中には小さな翅《はね》の芽（翅芽《しが》）がついている。

羽化するときは逆さまにぶら下がり、背が割れると中から成虫が現れる。脱皮殻《だっぴがら》はすぐに地面に落ちる。ずっと残っているセミとは違う。翅の網目は、突然できるのではなく初めから用意されていたのだ。小さな虫のなかに、なんという完璧さがあるのだろう。

◉行列を作って移動する毛虫

◉第6巻18章

▼マツノギョウレツケムシ
——真珠のような卵と幼虫の孵化（集）

▼松の行列毛虫――産卵　孵化（岩）
▼松の行列毛虫――産卵――孵化（叢）

マツノギョウレツケムシは私の家の庭に棲《す》んでいるが、パリの大昆虫学者レオミュールはボルドーから取り寄せて研究していた。ケムシは松の木に白い袋のような巣を作って集団で暮らす。

　松葉を取り巻くように円筒形に産みつけられた卵を見つける。３００ほどの卵は九月に孵化《ふか》する。孵化後、1時間もしないうちに幼虫は行列を作って移動を開始する。何週間かすると脱皮をし、豪華でしかも優雅な姿に変身した。レオミュールが見ることのできなかった姿である。

◉第6巻19章

▼マツノギョウレツケムシの巣
　――理想的な共同生活（集）
▼松の行列毛虫――巣　社会（岩）
▼松の行列毛虫――巣――社會（叢）

冬が近づくとマツノギョウレツケムシは集団で越冬用の巣を作る。松の枝を支柱にして糸を吐いて天井に入り口のついた卵形の巣を作る。作り終えると食事に出かける。越冬用の巣を作るにはケムシの数が多いほうが有利だ。群れを合流させてみる。

　混乱はない。理想的な共同生活だが、人間は真似ができない。この世の二つの歓《よろこ》び、労働の喜びと、家族団欒《だんらん》の喜びをあきらめなければならないからだ。

◉第6巻20章

▼マツノギョウレツケムシの行進
　――植木鉢の縁を回り続ける行列（集）
▼松の行列毛虫――行列（岩）
▼松の行列毛虫――行列（叢）

マツノギョウレツケムシの群れは先頭の1匹のあとを1列になって行進する。多くのケムシが通過すると道には吐き出された糸がひと筋のリボンのようになる。

　夜中に食事に出かけるケムシはどうやって巣に戻るのか。食事に散っていたケムシは、それぞれの糸をたよりに太いリボンにたどりつき、1列になる。やがて切れ目ない行列は規則正しく進む。ケムシの行進は事

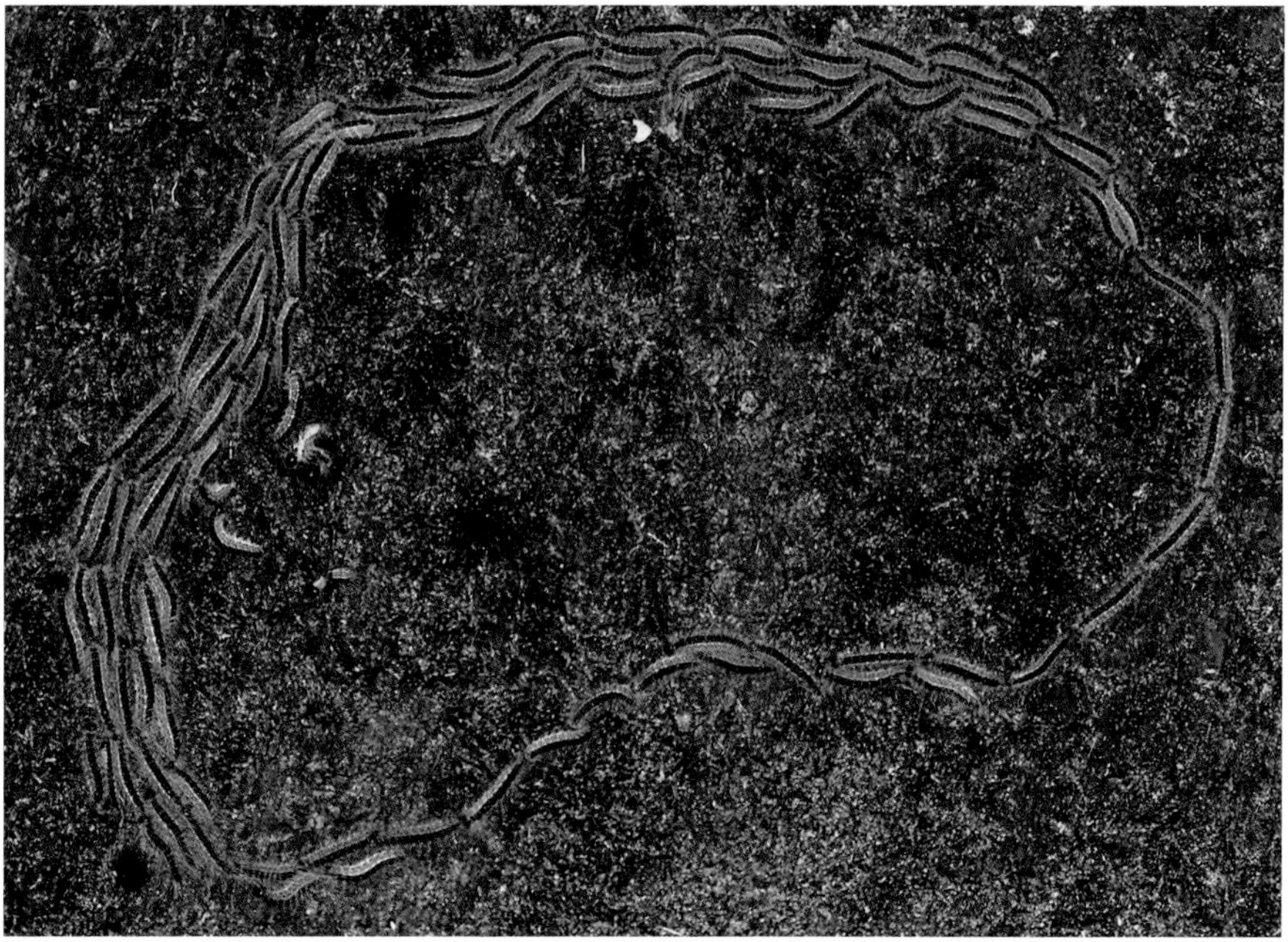

▲マツノギョウレツケムシ（photo by prortioid is licensed under CC BY-SA 4.0）。

故がないかぎり、進路を変えることはない。

◉第6巻21章

▼マツノギョウレツケムシの天気予報
　――天候の急変を予感する毛虫（集）
▼松の行列毛虫――天気予報（岩）
▼松の行列毛虫――氣象學（叢）

マツノギョウレツケムシは冬の夜に活動する。悪天候のときは巣から出てこない。

ヴァントゥー山に雪が積もった夜、ケムシは出てこなかった。雪を察知していたのか。気圧計の変化とケムシの群れの行動には正確な一致が見られた。低気圧が近づくとケムシは動かない。マツノギョウレツケムシは天候の急変すら予感することができるのだ。

◉第6巻22章

▼マツノギョウレツケムシの羽化
　――地中で蛹になり、地表で翅を伸ばす（集）
▼松の行列毛虫――蛾（岩）
▼松の行列毛虫――蝶（叢）

三月になるとマツノギョウレツケムシは蛹《さなぎ》になるために巣を離れる。ケムシの行列は複数の集団に分かれて暖かい地面を目指す。土を掘り中に潜る。２週間後、土を掘ると繭《まゆ》が見つかった。

羽化は七月末から八月に見られた。成虫の蛾《が》（ガ）は円筒形で、頭の鋭い棘《とげ》で土を掘る。地上に出ると翅《はね》を伸ばす。交尾と産卵は夜に行われる。この蛾を防除するなら八月に松の枝の下にある卵塊を踏みつぶしてしまえばよい。

◉毛虫の毒を自分の体で試す

◉第6巻23章

▼マツノギョウレツケムシの刺毛

――毒を抽出して皮膚に塗る（集）

▼松の行列毛虫――いら痒さ（岩）

▼松の行列毛虫――催痒刺激（叢）

マツノギョウレツケムシの体表には人間の皮膚に痛痒《いたがゆ》さを引き起こす毛が生えている。糸で作られた巣を指で引き裂いたとき、ケムシには触っていないのに指先が痛くなり、夜も眠れなかった。顕微鏡で毛を見ると両端が尖《とが》り、前半部には棘《とげ》がある。

マツノギョウレツケムシと同じように毛に覆われていても、触ってもかぶれない種《しゅ》のケムシもいる。その理由はなにか。

毛虫の毒性を探るためにケムシの脱皮殻《だっぴがら》を溶剤で洗い、その抽出液を自分の肌につけてみた。脱皮殻は痒くならなかったが、抽出液は強烈な痛痒感《つうようかん》を引き起こした。

◉第6巻24章

▼ヤマモモモドキにつく毛虫

――毒の効き方になぜ差があるのか（集）

▼いちごの木の毛虫（岩）

▼揚梅の毛虫（叢）

ヤマモモモドキにつくケムシは、マツノギョウレツケムシと並ぶ毒蛾《どくが》の幼虫である。白いガはヤマモモモドキの葉に卵を産みつける。卵は九月に孵化《ふか》する。

葉に隠れて越冬し、三月になると活動を再開する。六月になると枯れ葉の中で繭《まゆ》になり、１か月後に羽化

▲マツの木に糸で作られたマツノギョウレツケムシの巣。

する。

村の人はこのケムシを恐れている。100匹の幼虫を溶液に浸し、抽出液を肌につけてみた。悪評にたがわず、耐え難い痒《かゆ》みに苦しめられた。

◉第6巻25章

▼昆虫の毒——毒の由来とその意味（集）
▼昆虫の毒性（岩）
▼昆虫の毒（叢）

ケムシによるかぶれは、毛ではなく、それに含まれる毒のせいだった。しかしケムシを解剖しても毒腺は見つからない。ケムシの血液を肌につける。あまりの痛みのため夜中に目が覚めた。ケムシは毒で身を守っているのだろうか。オサムシも鳥のカッコウもケムシを平気で食べる。

毒は食物の滓《かす》なのか、虫の老廃物なのか。オウシュウヒオドシが羽化したときに出す液体をエーテルで抽出した。肌に塗ると痒《かゆ》さと焼けるような痛さがあった。カイコガ、ハナムグリ、コバネギスの羽化液や糞《ふん》からも毒が得られた。鳥の糞には毒はなかった。

◉昆虫は死を知っているのだろうか

◉第7巻1章

▼オオヒョウタンゴミムシ
——死んだふりをする殺戮者（集）
▼おおひょうたんごみむし（岩）
▼おほへんたんごみむし（叢）

オサムシやゴミムシは獰猛《どうもう》な捕食者で、美しい金属光沢に輝いている。木の上の虫は危険を感じるとぽろりと落ち、脚を縮めてじっとしている。死んだふりをしているのか。

40年前にセート（南仏の港湾都市）の砂浜で、オオヒョウタンゴミムシを捕まえた。これも死んだふりをする虫だ。セートからいっしょに送ったゴミムシダマシは、ほとんどすべてがオオヒョウタンゴミムシに食べられていた。この虫は、獲物を捕まえると砂地に掘った巣穴に引き込んで、それをむさぼり食うのだ。

◉第7巻2章

▼オオヒョウタンゴミムシの擬死
——死んだふりをする虫、しない虫（集）
▼死んだ真似（岩）
▼擬死（叢）

オオヒョウタンゴミムシを指先で転がすと、1時間ちかく不動の状態になる。覚醒しても突つけば、すぐに不動になる。

砂浜の虫でいちばん強い虫が、なぜこのような行動をとるのか。小さなスベスベヒョウタンゴミムシは、このような真似をしない。虫は騙《だま》そうとして不動の姿勢をとるのだろうか。実験してみないと、その理由はわからない。

◉第7巻3章

▼催眠と自殺——虫は死を知っているのか（集）
▼催眠——自殺（岩）
▼昏睡——自殺（叢）

虫は死んだふりをするという。しかし虫は死を知っているのだろうか。死という概念を知るためには精神の成熟が必要だ。4歳の娘は猫の死が理解できなかっ

▲オオヒョウタンゴミムシ（日本産）。

た。虫にも擬《ぎ》死《し》をするもの、しないものがある。死んだふりをするくらいなら、逃げればよい。

死を知らない虫に自殺ができるのか。サソリは火に囲まれると自らの毒針で自殺するという。試すと確かに死んだようになる。しかしすぐに蘇《そ》生《せい》した。気絶と死を混同してはいけない。

◉南仏の化石と遺物

◉第7巻4章

▼石の中に眠るゾウムシ
——南仏の古銭と昆虫の化石（集）

▼むかしの象鼻虫《ぞうむし》（岩）

▼太古のこくぞうむし（叢）

昆虫が少ない冬、私は古銭の研究を楽しむ。南仏の大地からはギリシアやローマの古銭が見つかる。その表面には古《いにしえ》の民族の歴史が刻まれている。同じように化石には生物の歴史が刻まれている。ウニの棘《とげ》、サメの歯、貝殻、サンゴの化石などが見つかる。もう絶滅した種《しゅ》もある。

細部までよく保存されたゾウムシの化石が見つかっ

た。今、生きているゾウムシを調べれば、昔のゾウムシのこともわかるだろう。

◉ゾウムシの象のように長い吻《ふん》

◉第7巻5章

▼ホシゴボウゾウムシ――ルリタマアザミの住人(集)
▼ほしごぼうぞうむし(岩)
▼はんもんあざみざうむし(叢)

ホシゴボウゾウムシの幼虫はアザミの花の内部で育つ。雌雄はアザミの蕾《つぼみ》の上で交尾をする。雌は長い口吻《こうふん》で蕾に穴を開ける。くるりと後ろを向き、尾端から産卵管を出して蕾に卵を産む。蕾を割ってみると5～6個の卵があった。

幼虫は1週間ほどで孵化《ふか》する。観察のため花ごとガラス管に入れると全滅してしまった。幼虫には茎から汲《く》み上《あ》がる汁が必要なのだ。幼虫は花の内部で蛹《さなぎ》になる。晩秋には成虫になり、枯れたアザミから脱出する。

◉第7巻6章

▼クマゴボウゾウムシ――チャボアザミの住人(集)
▼くまごぼうぞうむし(岩)
▼くまのあざみざうむし(叢)

クマゴボウゾウムシはチャボアザミの花の中で育つ。幼虫は花の汁を吸うのではなく芯《しん》を齧《かじ》るのだ。幼虫は花の内部を食べ、糞《ふん》を壁に塗りつけて丈夫な部屋を作る。

成虫に育っても花の中にとどまり越冬する。大きなカルドンアザミにはスコリムゴボウゾウムシの幼虫が20匹も住む。さらに巨大なセイタカオニゴロシアザミではオウシュウゴボウゾウムシの幼虫が育っている。

◉第7巻7章

▼幼虫の食物を知る本能
――自分では食べない食物を準備する(集)
▼植物本能(岩)
▼植物に關する本能(叢)

ハチや糞虫《ふんちゅう》は自分の幼虫のために食物や住まいを準備する。しかし多くの虫は卵を産みっぱなしにする。親のモンシロチョウは幼虫の餌、キャベツを食べること

▲ゴボウゾウムシ。花に潜り込んで体に黄色い花粉が付いている。

はない。幼虫時代の記憶があるのだろうか。

コブツチスガリは花の蜜ではなく、幼虫のためにゾウムシを狩る。虫を導く本能は、限られたことを誤りなく伝える。人間の知性は、ためらいつつ進み、道を見つけ、最後に飛躍する。

◉第7巻8章

▼カシシギゾウムシ
——卵がどうしてドングリの底に届くのか(集)
▼かししぎぞうむし(岩)
▼どんぐりざうむし(叢)

シギゾウムシの仲間はドングリやハシバミの実に卵を産む。とりわけ長いゾウの鼻のような口吻《こうふん》をもつカシシギゾウムシは、一〇月頃未熟なドングリに卵を産む。硬い殻に口吻を差し込んで穴を開ける。産卵には1時間から2時間かかる。途中でやめることもあった。ドングリが未熟だったたからか。

産卵後、ドングリを割ってみると穴の底に卵が見つかった。ゾウムシの雌の腹部には、口吻と同じ長さの産卵管が収められていた。

◉第7巻9章

▼ハシバミシギゾウムシ

——実の中で育ち、地中で羽化する（集）

▼はしばみのしぎぞうむし（岩）

▼はしばみのざうむし（叢）

ハシバミシギゾウムシの幼虫は硬い殻をもつハシバミの実の内部で育つ。八月初め、産卵の穴とは別の穴から2匹の幼虫が出てきた。穴の直径は頭部と同じだが、体の太さは直径の3倍ある。小さな穴から少しずつ体を出す。脱出した幼虫は地面に潜って春を待つ。

なぜ実の中で越冬しないのか。冬にはハシバミの実は地面に落ちてネズミに食べられる危険があるし、硬い殻は、成虫には脱出することが困難だからだろう。

◉葉を巻いて卵を産みつけるゾウムシ

◉第7巻10章

▼ポプラハマキチョッキリ

——幼虫の食物であり住まいでもある葉巻を造る（集）

▼どろちょっきり（岩）

▼ポプラのはまきざうむし（叢）

ポプラハマキチョッキリの母親は、幼虫のために葉を葉巻のように巻いて、その内部に卵を産みつける。

この「葉巻」は幼虫の食物であり住まいでもあるのだ。軟らかく大きな葉が選ばれると篦《へら》のような口吻《こうふん》を葉柄《ようへい》に差し込み、樹液を遮断して葉をしおれさせる。表が内側になるように脚でぐいぐい巻いていく。

雌が作業していると、ときどき雄がきて交尾をする。交尾は一回でよいはずだが、なぜ何回もするのだろうか。

◉第7巻11章

▼ブドウチョッキリ——地中で春を待つ生きた宝石（集）

▼ぶどうのちょっきり（岩）

▼ぶどうのはまきざうむし（叢）

春になるとブドウチョッキリの雌がブドウの葉を巻き始める。「葉巻」の作り方はポプラハマキチョッキリと同じである。

葉巻の中には5～8個の卵が入っていた。葉巻を壜《びん》

▲雌が作ったブドウの「葉巻」の上で交尾するブドウチョッキリ。

に入れておくと幼虫は死んでしまった。野外の葉巻は内部が少し発酵していた。そこで湿った砂地の上に葉巻を置いて観察したらうまくいった。

6週間後、幼虫が脱出してきて砂に潜った。九月から一〇月に地中で宝石のように美しい成虫を見つけた。羽化した成虫は地中で春を待っているのだ。

◉第7巻12章

▼オトシブミ——そのほかの葉巻職人(集)
▼その他の葉巻虫たち(岩)
▼その他の葉巻虫(叢)

葉巻作りの名人チョッキリの口吻《こうふん》は長い。葉を巻いて樽《たる》のような揺籠《ようらん》を作るオトシブミの口吻は短い。この違いは何か。葉に切り込みを入れて樽の形に巻いていく。やがて樽は地面に落ちる。樽の中には卵が1個入っていた。

これまで見た4種の葉巻作りの虫は姿は異なっても同じように葉を巻いて卵を産みつける。オトシブミの幼虫は、4~5か月の乾燥による断食に耐え、葉に湿気が戻るとそれを食べて育つ。

◉第7巻13章
▼トゲモモチョッキリ──井戸の底の不思議な煙突（集）
▼とげもものちょっきり（岩）
▼いばらうめのはまきざうむし（叢）

トゲモモチョッキリは、ハマキチョッキリの仲間だが、葉を巻かずにトゲモモの果実に卵を産む。七月末、幼虫はトゲモモの種子から脱出し、地中で蛹《さなぎ》になる。冬を越し五月になると成虫は地上に出てトゲモモに集まり交尾をする。雌はトゲモモの果実に種子まで届く穴を開け、中央に円錐状《えんすいじょう》の煙突が作られる。卵はその下に産みつけられた。

六月に孵化《ふか》した幼虫は種子に穴を開けて内部に入る。煙突は果肉の汁で穴が塞がれないための工夫らしい。こんな精妙な仕組みが偶然の積み重ねによって発明されたとは考えられない。

◉糞をかぶって身を守るハムシの幼虫

◉第7巻14章
▼クビナガハムシ──糞からつぎの幼虫（集）
▼くびほそはむし（岩）
▼くびながはむし（叢）

荒地《アルマス》には3種のクビナガハムシが住んでいる。アシグロユリクビナガハムシは、ユリの葉に卵を産みつける。幼虫はユリの葉を食べて、糞《ふん》を出すとそれを身にまとう。器用な技術は生まれつきのものだ。

アスパラガスクビナガハムシの幼虫は糞をかぶらずアスパラガスの葉の上で育つ。その体には寄生バエの卵がついていることが多い。ジュウニホシクビナガハムシの幼虫はアスパラガスの実の中で育つ。硬い実の皮は、糞の覆いと同様に幼虫の身を寄生バエから守っている。

◉第7巻15章
▼クビナガハムシと寄生者──習性は発達するのか（集）
▼くびほそはむし（続）（岩）
▼くびながはむし（續き）（叢）

ジュウニホシクビナガハムシの幼虫は、アスパラガスの実の中で育ち、寄生バエから身を守る。しかし、そ

▲アワフキムシ（成虫なので泡に入っていない）。

の実から寄生バチが出てくることがある。

ハチはどうやってハムシを襲うのか。アシグロユリクビナガハムシの幼虫も、ハリバエの寄生を受けることがある。糞《ふん》の覆いを脱ぎ、地面に降りるときに襲われるのだ。アスパラガスクビナガハムシ、ジュウニホシクビナガハムシ、アシグロユリクビナガハムシの3種は似ているが本能は異なる。同一の起源をもちながら習性は別個に発達したのだろうか。

◉泡の中で育つアワフキムシの幼虫

◉第7巻16章

▼アワフキムシ――風の神アイオロスの虫（集）
▼あわふきむし（岩）
▼あはふきこせみ（叢）

四月になると草地のあちこちで「カッコウの唾《つば》」と呼ばれる小さな白い泡が見つかる。中には小さなセミのような姿のアワフキムシの幼虫が隠れている。草に口吻《こうふん》を刺し、汁を吸って、それを泡立てる。泡は1日以上姿がくずれない。泡作りを観察する。尻を上げながら腹部の溝に空気を溜《た》め、尻を下げるときに汁の中に空気を送り込むのだ。

「泡吹き小蟬《シカデル》」は、風の神アイオロスのように植物の汁に風を送って泡を作り、その中で暮らしている。

◉糞を使って賢く生きるツツハムシの幼虫

◉第7巻17章

▼ヨツボシナガツツハムシ——土の壺を裏返す（集）

▼よつぼしはむし（岩）

▼るりはむし（叢）

アシグロユリクビナガハムシの幼虫は、自分の糞《ふん》の覆いをかぶって寄生者や陽射しから身を守っている。

ヨツボシナガツツハムシの幼虫も自分の糞で壺《つぼ》のような巣を作り、その中で暮らしている。壺の表面は美しい模様があり、人間が作った土器のようにも見える。

幼虫は自分の体が大きくなると、壺の内側の糞を削って外側に加え、壺全体を大きくする。冬が近づくと壺の口を閉じ、蛹《さなぎ》になる準備をする。

五月になると糞の壺を壊して新成虫が姿を現す。

◉第7巻18章

▼ヨツボシナガツツハムシの卵の鞘
——親から受け継いだ糞の家（集）

▼よつぼしはむし——卵（岩）

▼るりはむし（卵）（叢）

クシヒゲハムシの卵は複数のものが糸で吊《つ》り下《さ》げられ、植物の花のように見える。

アシナガナガツツハムシやオウシュウヨツボシナガツツハムシの卵は地面に産み落とされる。いずれの卵の表面も親の糞《ふん》で覆われている。

孵化《ふか》した幼虫は、糞を鞘状《さやじょう》にまとめて背負って生活する。成長とともに鞘には糞が足されて大きくなる。

ツツハムシの幼虫は母親の糞を遺産としてもらい、それに自分の糞を足して成長するのだ。

◉少年ファーブル、家鴨係になる

◉第7巻19章

▼アヒルの沼の思い出——水中の驚異の世界（集）

▼沼（岩）

▼水溜（叢）

▲川の中に棲《す》むトビケラの幼虫。口から糸を吐き、砂を綴《つづ》って作った鞘《さや》の中に入っている。

幼い頃、私の家で家鴨《あひる》を飼うことになった。その世話は私がすることになった。家から村の上のほうにある沼まで水浴びのために家鴨を連れて行く。その沼にはオタマジャクシ、貝、名前のわからないものが、たくさんあふれていた。

道では空色のコガネムシ、六面体のガラス、金のような鉱物などを拾う。父は石を捨てろ、母は虫には毒があると非難する。

大人になった今、拾った宝物の正体がわかる。20フランでガラスの水槽を誂《あつら》えて、泉から採ってきた虫や藻類を観察する。水の中の緑の絨緞《じゅうたん》から酸素の泡が生まれて水面に浮かび上がる。これは清らかな大気に包まれた地球の歴史を物語っている。

◉水中で鞘を作って暮らすトビケラの幼虫

◉第7巻20章

▼トビケラの幼虫――水中で鞘のような巣を造る(集)
▼いさごむし(岩)
▼かわげら(叢)

ガラスの水槽でトビケラの幼虫を観察する。幼虫はアシや木の切れ端などを使って鞘状《さやじょう》の巣を作り、その中で生活する。

成長とともに鞘《さや》は増築されていく。幼虫は落ち葉や小枝を一定の長さに切ると、口から吐いた糸で鞘の形に綴《つづ》っていく。

幼虫は鞘の中で回転しながら作業するので、鞘の断面は円に近い正多角形になる。さまざまな材料を与えて鞘を作らせる。幼虫の尾端には鉤爪《かぎづめ》がついており、鞘の中でうまく動くことができる。

◉木の枝にぶら下がって鞘を作るミノムシ

◉第7巻21章

▼ミノムシ――鞘の中で雄を待つミノガの雌（集）
▼みのむし――産卵（岩）
▼みのむし（産卵）（叢）

春になると、ゆらゆら動く小さな小枝の束を見かける。その蓑《みの》（鞘《さや》）にはミノガの幼虫のミノムシが入っている。入り口は軟らかい毛、外側は小枝、中は木屑《きくず》の布、内側は絹の織物になっている。

六月の終わりに雄のミノガが羽化した。雌は羽化しても鞘から出てこない。雄は飛び回り、雌を探して交尾する。雌は鞘の中で卵を産む。鞘を切り開くと雌は死んでおり、中にはぎっしり卵が詰まっていた。

孵化《ふか》した幼虫は、母親が使っていた絹の織物を身につけて育っていく。

◉第7巻22章

▼ミノムシの鞘――ミノガの幼虫の蓑造り（集）
▼みのむし――みの（鞘）（岩）
▼みのむし（鞘）（叢）

孵化したミノムシは母親の体を食べるというが本当か。実際には母親の作った蓑《みの》（鞘《さや》）を材料に自分の鞘を作るだけだった。

鞘は体の成長とともに拡張される。秋になると外側に茎や葉が付け加えられた。内部も絹で厚く補強される。

春になってミノムシを裸にしてみた。ふたたび完全な鞘を作ることはできなかった。すでに春は絹で布を織る季節で、今は茎や葉を使う大工仕事の季節ではな

▲オオクジャクヤママユ。

いのだ。

◉蛾（ガ）の雄はどうして雌の存在を知るのか

◉第7巻23章

▼オオクジャクヤママユ
——雄を呼ぶ知らせの発散物（集）
▼おおくじゃく蛾（岩）
▼大くじやくが（叢）

研究室でオオクジャクヤママユの雌が羽化した。その晩、雄が40匹以上殺到した。雄は何に導かれて雌のところに飛来したのか。

雄の大きな触角を切除してみる。戻ってきたのは1匹だけだった。雌の近くにナフタリンを置いて雌の匂いを打ち消してみた。雄は飛来する。雄の記憶を混乱させるために、雌を置く場所を変える。雄は騙《だま》されない。

雌をブリキや木などで覆うと雄は飛来しない。雌の存在を知るためには空気の流通が必要なのだ。北風が吹いているのに、雄は北から飛来する。匂いが風に逆らって届くはずはない。物理的に考えても不思議である。

▼チャオビカレハ――雌の残り香に集まる雄（集）
▼おびしめかれは（岩）
▼おびのさうが（叢）

◉第7巻24章

荒地《アルマス》では見たことのない繭《まゆ》を手に入れた。八月になるとこの繭からチャオビカレハの雌が羽化してきた。

その3日後、60匹の雄が雌のもとに殺到した。この昼行性の蛾《が》（ガ）を研究すれば、夜行性のオオクジャクヤママユでわからなかったことを教えてくれるかもしれない。しかしこの貴重なチャオビカレハの雌は、カマキリに食べられてしまった。

3年後、ようやく2匹の雌を手に入れることができた。金網に入れた雌には雄が飛んで来るが、ガラス容器のほうは姿が見える雌には雄が飛んで来ない。空気の流通が必要なのか。

触角を切った雄も雌のところへ戻ってこなかった。雌の「知らせの発散物」は、人間には感じとれない「匂い」なのだ。

◉昆虫の未知の能力

▼昆虫の嗅覚――ムネアカセンチコガネとトリュフ（集）
▼におい（岩）
▼嗅覺（叢）

◉第7巻25章

エックス線の発見は、我々に未知の世界を知る手がかりを与えてくれた。

動物の感覚は人間よりも優れている。天気を予知するケムシ、闇を飛ぶコウモリ、自分の巣に戻るハチやハト。トリュフ狩りに同行して犬の素晴らしい嗅覚《きゅうかく》を知った。

フランスムネアカセンチコガネは地中深くにあるキノコ（トリュフ）を探りあてて食べる。

動物の死骸《しがい》のような匂いを出す植物マムシグサモドキには、死骸を食べるカツオブシムシやツヤエンマムシが集まる。

オオクジャクヤママユやチャオビカレハの雄は、遠くから雌のもとに飛来する。これらの虫は、どのような感覚に導かれて、行動しているのだろうか。

荒地《アルマス》の玄関から屋敷へ向かう通路。季節になるとリラが咲き乱れる。

◉コラム　ファーブルの好きな言葉　②　『昆虫記』に引用されている名言

屋根ニヒトリ住ムすずめノヨウニ。

第4巻4章「ツバメとスズメ」

家の中に巣を作るキゴシジガバチからの連想で、スズメがいつから人家の軒《のき》に巣を懸《か》けるようになったかという場面で引用される。旧約聖書「詩篇」にある言葉で、スズメは一人覚醒しているキリストのことだという。引用はラテン語。

意識ハ物質ヲ揺リ動カス。

第4巻9章「樹脂で巣を造るモンハナバチ」

モンハナバチの仲間は、綿毛を使って巣を作る種と、樹脂を使って巣を作る種とがある。同じ体つきでも、別の素材で巣を作ることができる（道具が職人を作るのでなく、職人が道具を使うのだ）と結論するときに引用される。古代ローマの詩人ウェルギリウスの『アエネーイス』第六巻にある言葉。引用はラテン語。

生キトシ生ケル者、皆卵ヨリ生ズ。

第4巻11章「ミツバチハナスガリ」

イタリア博物学者フランチェスコ・レディの言葉。植物食の花バチの幼虫を花粉を卵白で練った餌で育てることに成功した場面で引用される。この言葉は当時、一般に信じられていた小さな虫など生物は、ゴミなどから発生するという自然発生説を否定した言葉。ファーブルも同様の考えをもっていた。引用はラテン語。

最モ小サナモノニ最大ノ驚キガアル。

第5巻6章「オオクビタマオシコガネとヒラタタマオシコガネ」

分類学者リンネの一番弟子である博物学者ファブリキウスの言葉。オオクビタマオシコガネの巣から二つの梨球《なしだま》を発見した場面で引用される。梨球を発見した喜びと、その小ささにも感激している。引用はラテン語。

月ノ好意アル沈黙ノ中デ。

第6巻14章「イナカコオロギの歌」

ウェルギリウスの『アエネーイス』からの引用。トロイアを攻めるギリシア軍が、夜陰に乗じて海岸に近づく場面を表す。ファーブルは荒地《アルマス》でカンタンの柔らかな震え声《トレモロ》を聞くために、こっそり虫に近づいて大地に寝転がった。情景描写に文学好きが現れた美しい場面。引用はラテン語。

この世でいちばん愚かで無能な動物である羊の性質とは、それがどこに行こうと、最初の羊のあとに従うことだからである。

第6巻20章「マツノギョウレツケムシの行進」

マツノギョウレツケムシの集団が一列になって移動する描写での引用。ラブレーの『ガルガンチュアとパンタグニュエル物語』の第四の書で、パンタグニュエルの家臣パニュルジュが船の上で羊を買うが、商人が嫌なヤツだった。パニュルジュは金を払っていちばん大きな羊を選び、それを海に投げ込む。すると羊の群はすべて海に飛び込んでしまった。「パニュルジュの羊」という意趣返しの話である。

◉複数の世代が錯綜するハナムグリ

◉**第8巻1章**

▼ハナムグリ――〝親よりも先に生まれる子供〟の謎（集）
▼はなむぐり（岩）
▼はなむぐり（叢）

五月にリラの花が咲くとハナムグリがやってくる。果物を与えると半月以上食べ続けていた。酷暑には砂に潜って仮眠をし、秋になるとふたたび姿を現す。冬が訪れると砂に潜って冬眠する。

三月に目覚めるとハナムグリの食物である果物はない。雌雄が出会うと交尾をする。夏至の頃に雌は産卵する。

七、八月に腐植土を掘ると幼虫や羽化直前の蛹《さなぎ》が見つかった。親よりも先に子が生まれるのか？

そうではない。春に花を訪れたものは、越冬して夏に繁殖する世代。夏に果物を食べていたものは、今年羽化したハナムグリで、これは来年繁殖する世代なのだ。

◉卵の数と育つ幼虫の数の差は何か

◉**第8巻2章**

▼エンドウゾウムシ――自然界の収税吏（集）
▼えんどうまめぞうむし――産卵（岩）
▼ゑんどうざうむし（産卵）（叢）

エンドウをはじめコムギやダイコン、カボチャは人間が畑で改良した栽培植物だ。それらの農作物は、我々の競争相手である昆虫も惹《ひ》き寄《よ》せる。収穫されたエンドウの1割を取り立てるのはエンドウゾウムシだ。エンドウの花が咲くと、この虫がやってきて交尾を始める。

豆が実ると雌は莢《さや》の上に卵を産む。孵化《ふか》した幼虫は莢に穴を開け豆に入り中を食べて成長する。成虫が脱出した豆を観察する。穴が5、6個あり、複数の幼虫が侵入している。しかし脱出用の大きな穴は1個しかない。いったい何が起こっていたのか。

◉**第8巻3章**

▼エンドウゾウムシの幼虫

▲散房花《さんぼうか》に止まり蜜を吸うハナムグリ。

――豆の大きさと幼虫の数（集）
▼えんどうまめぞうむし――幼虫（岩）
▼ゑんどうざうむし（幼虫）（叢）

エンドウの豆一粒でエンドウゾウムシの幼虫は1匹しか育たない。しかし豆には、それ以上の数の幼虫がいる。粒の大きなソラマメや数の多いヒロハノレンリソウを利用していた虫が、エンドウに引っ越してきたのか。エンドウの豆で育つ幼虫を観察する。幼虫は蛹《さなぎ》になる前に脱出穴を用意しておく。この豆の害虫に我々はどう戦いを挑めばよいのか。

八月初旬、この虫に寄生するハチを見つけた。ハチは、幼虫が準備した穴から針を刺して卵を産みつけていた。むさぼり食われるために準備したことになる。

◉穀物を食害する昆虫の歴史

◉第8巻4章

▼インゲンマメゾウムシ――外来の虫の災厄（集）
▼いんげんまめぞうむし（岩）
▼いんげんまめざうむし（叢）

インゲンは味、安さ、栄養からいって、まさに神からの授かり物だ。

この植物はどこからきたのか。フランスでこの豆を食べる虫は見かけない。原産地のメキシコから豆は虫を連れずにやってきたのだ。ようやくフランスへ侵入中のインゲンマメゾウムシを手に入れて畑に放したが、姿を消してしまった。

壜《びん》で飼育をすると乾燥した豆に卵を産んだ。インゲンマメゾウムシは農民の敵ではなく、穀物商人の敵なのだ。被害が酷くなったら貯蔵庫に薬を撒《ま》けばよいのではないか。

◉植物食のカメムシと動物食のサシガメ

◉第8巻5章

▼カメムシ——厳重な卵の蓋をはずす巧妙な仕掛け(集)
▼かめむし(岩)
▼かめむし(叢)

鳥の卵の優美さは、美を知らない子供でも感動する。虫の卵にはこのような美をもつものは少ない。その例外がカメムシである。小さな壺《つぼ》のような卵は葉の上に固めて産みつけられる。

卵は網目模様で飾られ、ギザギザの縁取りのついた蓋で密閉されている。その内側には小さなT字形のものがついている。幼虫はどうやってこの卵から出てくるのか。

書物によるとカメムシの母親は幼虫を保護するというが、それは本当なのだろうか。

◉第8巻6章

▼セアカクロサシガメ——肉食のカメムシ(集)
▼せあかくろさしがめ(岩)
▼かめんのさしがめ(叢)

肉屋の倉庫にセアカクロサシガメが集まっていた。棚《たな》にある脂肪の塊にはカツオブシムシやイガも見られる。

サシガメは頑丈な口吻《こうふん》をもつ捕食者だ。体が5倍も大きなハイイロヒメギスも口吻のひと刺しで動けなくなり、やがて体液を吸われてしまう。

サシガメの幼虫は、卵の端を押し上げながら孵化《ふか》する。幼虫は1回脱皮すると食事を始める。小蠅《こばえ》や羽虫

▲セアカクロサシガメがゲンセイを捕食している。

を与えても食べない。脂肪を与えると元気に育った。夏、肉屋の倉庫にサシガメが集まるのは、子孫の食事のためだったのである。

◉花バチの家族の物語

◉第8巻7章
▼コハナバチ――巣穴に侵入する寄生バエ（集）
▼ひめはなばち――寄生虫（岩）
▼ひめはなばち（寄生虫）（叢）

3種のコハナバチについて語ろう。四月、母バチは1匹で地面に巣穴を掘る。複数の小部屋を作り、花粉や蜜を蓄えると、そこに1個の卵を産みつける。

そこに寄生バエが侵入して卵を産みつけた。ハチとハエはともに育つ。母バチは自分の幼虫が蛹《さなぎ》になる頃、小部屋の入り口を塞ぐ。ハエはその前に脱出していた。

六月、50の巣を調べてみた。ハチの蛹はなく、ハエばかりだった。七月、2度目に産みつけられた卵が育ち、ハチは全滅を免れた。翌年四月にハチが産卵の準備を始めると、またハエが姿を見せるようになった。

◉第8巻8章

▼コハナバチの門番
——巣穴の入口を守るハチの役割（集）
▼ひめはなばち——門番（岩）
▼ひめはなばち（門番）（叢）

虫にとってもふるさとは懐かしいのか。シマコハナバチの幼虫は2か月で成虫になる。花で蜜を吸い巣に戻る。その巣は母が作り自分が育った巣だ。

このハチは年に2回繁殖し、春は雌のみ、夏には雌と雄が生まれる。春には10匹ほどの雌が産まれた。巣には1匹の門番がいる。これは姉妹たちの母親だ。門番は家族以外は巣に入れない。夏には交尾が行われ、雄は姿を消す。

冬、雌はどこにいるのか。四月になると雌が集まりだし巣作りが始まる。早春に出現するハヤデコハナバチは、巣の数がシマコハナバチよりはるかに多い。

◉第8巻9章

▼コハナバチの繁殖
——雌のみの世代と雌雄両性の世代（集）
▼ひめはなばち——処女生殖（岩）
▼ひめはなばち（單爲生殖）（叢）

25年前住んでいたオランジュにはタカネコハナバチの巣があった。雌が1匹で巣穴を掘り、入り口や廊下は5、6匹が共同で使う。もともとは同じ巣で生まれた姉妹たちだ。

七月に巣を掘って幼虫や蛹《さなぎ》を採集した。249匹が雌で1匹が蛹になる前に死んだ雄だった。

八月下旬に巣を掘ると雌雄が得られた。雌はそのまま越冬し、雄は姿を消す。五月、私たち一家は引っ越してしまったので別種のコハナバチで研究を続けた。春の世代は雄がいないので、雌は単為生殖《たんいせいしょく》によって夏の世代を産むのだろうか。

◉極小のワタムシの複雑な生活史

◉第8巻10章

▼ワタムシ——テレビントにできる虫瘿《むしこぶ》（集）
▼テレビントのわたむし——虫瘿《むしこぶ》（岩）
▼テレビン樹のきじらみ（虫瘿）（叢）

▲コハナバチが地面の巣穴から出てきたところ。

庭のテレビントの木につくアブラムシの仲間、ワタムシの奇妙な生殖法を観察した。

テレビントの葉には角《つの》や杏《あんず》の実のような虫癭《むしこぶ》が生じる。中を割ると小さなワタムシがうようよしていた。聖書にある中に灰の詰まった「ソドムの林檎《りんご》」とはこれなのか。

秋に葉が落ちるとワタムシはどこへ行ってしまうのか。それは木の根元の地衣類の裏にいた。

四月の半ば、赤褐色と黒色の種子のようなものから幼虫が出現した。虫眼鏡で見るとこの幼虫はワタムシの姿をしていた。

◉第8巻11章

▼ワタムシの移住――虫癭《むしこぶ》からの旅立ち(集)
▼テレビントのわたむし――移住(岩)
▼テレビンのきじらみ(移住)(叢)

九月末、角形《つのがた》の虫癭《むしこぶ》の中はワタムシでいっぱいになる。その中に4枚の翅《はね》をもつものがいた。虫癭が割れると、そこからこの有翅《ゆうし》の虫が脱出してきた。

２日後に虫癭を割ってみると中には有翅の母親だけがいた。有翅の虫は交尾もせず、直接分娩《ちょくせつぶんべん》で幼虫を産む。

　同じころ、襞形《ひだがた》、耳当て形、紡錘形《ぼうすいけい》の虫癭からも有翅の虫が脱出してきた。有翅の虫は空中を漂うように飛び、どこかに着地すると、そこで幼虫を産む。子供の死亡率は高そうだが、冬は安全な草の根元で過ごすのだろうか。

◉第8巻12章

▼ワタムシの繁殖——単為生殖と有性生殖（集）
▼テレビントのわたむし——交尾、卵（岩）
▼テレビンのきじらみ（交尾・卵）（叢）

草の根元で越冬したワタムシは、やがて有翅虫《ゆうしちゅう》を産む。

　五月には、テレビントの木に有翅虫が飛んでくる。有翅虫には移動できない世代を運ぶという役割があるのだ。有翅虫が産む幼虫には、腹のほっそりしたもの、腹の膨らんだ黄色、琥珀色《こはくいろ》、緑色のものの４種があった。ほっそりしたものが雄で、腹が膨らんだものが雌だ。雌の色違いは種《しゅ》が異なるのだろう。

　１年後、四月に卵が孵化《ふか》し葉には次々と虫癭《むしこぶ》が作られた。九月には有翅虫が飛び出し、冬も雌だけで家族が作られた。春に有翅虫が産む幼虫には雌雄があり、交尾が行なわれる。

◉第8巻13章

▼ワタムシの天敵——肉食の虫を養う食草の虫たち（集）
▼わたむしを食う虫たち（岩）
▼きじらみ喰ひ（叢）

生き物は食べたり食べられたりして物質を移動させる。虫癭《むしこぶ》という要塞に守られたワタムシを食べるものは誰か。虫癭から有翅《ゆうし》のワタムシが出てくると狩《か》りバチがやってくる。蛾《が》（ガ）の幼虫は、虫癭に穴を開けてワタムシを食べる。ヒラタアブの幼虫は「アブラムシの獅子《ライオン》」と呼ばれる。

　レダマの木につくアブラムシは尻から甘露《かんろ》を出す。これをアリ、ハチ、ハナムグリ、ハエが舐《な》めにくる。クサカゲロウやテントウムシはアブラムシを直接食べる。アブラムシに卵を産みつける寄生者のアブラバチ

▲テレビントの木に作られた虫癭を切ると中にワタムシがいた。

もいる。アブラムシは自然のなかで薄いスープを濃縮し、優れた肉に変えるのだ。

◉ハエの幼虫（蛆虫）の行動

◉第8巻14章

▼キンバエ――肉をスープにして飲む蛆虫《うじむし》（集）
▼きんばえ（岩）
▼きんばへ（叢）

動物の死骸《しがい》の下には虫の別世界がある。ヘビ、トカゲ、ネズミの死骸で観察する。

まずアリがやってきた。腐り始めるとカツオブシムシ、エンマムシ、ヒラタシデムシ、ハエ、ハネカクシが食べにくる。

キンバエは死骸の下側に卵を産みつける。24時間後には幼虫つまり蛆虫《うじむし》が孵化《ふか》する。蛆虫が物を食べているところを見たことがない。

ガラス管でハエの蛆虫を飼育してみる。管の中に入れておいた肉は溶けてなくなった。蛆虫を入れていないほうの管の肉は、そのままだった。蛆虫は肉を溶かしスープにして飲むのだ。

◉第8巻15章

▼ニクバエ――光を嫌う蛆虫《うじむし》(集)
▼にくばえ(岩)
▼しまばへ(叢)

ハイイロニクバエは手早く肉に蛆虫《うじむし》を産みつける。卵でなく幼虫を産むのだ。大昆虫学者レオミュールがハエの雌を調べたところ、体内には2万匹の蛆虫が入っていたという。

蛆虫の尾端は杯状《さかずきじょう》で奥に呼吸口がある。肉のスープに潜るときは呼吸口を閉じる。

蛆虫は明るいところに出すと光と反対のほうに逃げる。どこで光を感じているのか。育ちきった蛆虫は蛹《さなぎ》になるため土に潜る。普通は10センチだが実験では1メートル以上潜った。羽化は頭部にある瘤《ヘルニア》を使って殻から出て、砂の中を移動する。地表に出ると瘤《ヘルニア》は額《ひたい》にしまわれ、翅《はね》を伸ばす。

◉動物の死骸を掃除する昆虫たち

◉第8巻16章

▼エンマムシとカツオブシムシ――ハエの蛆虫《うじむし》を間引くもの(集)
▼つやえんまむし、かつおぶしむし(岩)
▼ゑんまむし――かつをぶしむし(叢)

1匹のニクバエの雌は2万匹の蛆虫《うじむし》を産む。動物の死《し》骸《がい》には別の虫もやってくる。エンマムシは蛆虫を捕えて食べる。増えすぎる蛆虫を間引いているのだ。食べ残された死骸はやがて干からびる。

これをカツオブシムシが食べにやってくる。死骸の下で暮らし、七月には蛹《さなぎ》になる。ヒラタシデムシ、ナガカメムシ、ハネカクシも死骸に集まる常連である。

◉第8巻17章

▼コブスジコガネ――獣糞中の未消化の毛を食べる虫(集)
▼欧州こぶこがね(岩)
▼しんじゅのこぶこがね(叢)

生命の廃棄物が無駄にされず、最後まで細かく利用されるようすを教えてくれる虫がいる。シンジュコブス

▲地面に作られた巣に出入りするクロスズメバチ（日本産）。

ジコガネは、キツネの糞《ふん》の中に残された未消化の毛を食べる虫だ。交尾は2か月ほどだらだら続く。

四月の終わり、砂の中で卵が見つかった。コブスジコガネは糞虫《ふんちゅう》に近い仲間だが子育てはしない。この虫は、糞で風味をつけられた毛が好きなのだ。美食家のブリア゠サヴァランが「君の食べるものを言ってごらん、君が何者であるかを言ってみよう」と言うとおりだ。

◉スズメバチの巣作りとその終焉

◉第8巻18章

▼昆虫の幾何学――ハチの巣造りの完璧さ（集）
▼昆虫の幾何学（岩）
▼昆虫の幾何學（叢）

ハチの巣作りの技能は驚嘆に値する。しかしそれは空間の制約があると歪《ゆが》みが生じる。カベヌリハナバチは円筒形の巣を変形させ、ヒメベッコウは楕円形《だえんけい》の巣を歪《いびつ》にする。アメデトックリバチは壺形《つぼがた》の巣の球状の部分が不正確になる。共同で巣を作るハチではどうか。

スズメバチの巣は吊《つ》り下《さ》がった状態なので空間の制

約を受けにくい。ばらばらの仕事が結果的に調和のとれた形になる。スズメバチは幼虫に給餌《きゅうじ》しながら子育てをする。そのため限られた空間に多くの育房《いくぼう》を作らなければならず、その形状は人間の幾何学の解答と完全に一致している。

◉第8巻19章

▼スズメバチ――地下に造られる木の繊維《バルブ》の巣(集)
▼すずめばち(岩)
▼すずめばち(叢)

九月に地下に作られたクロスズメバチの巣を見つけた。恐ろしさに背筋が凍る。夜、巣にガソリンを注ぎ込む。明け方、ハチが窒息しているうちに木の繊維《バルブ》でできた球形の巣を掘り出す。中には水平に複数の巣盤《そうばん》が重なり、それぞれ幼虫の育房《いくぼう》が並んでいた。

10枚の巣盤で育房は1万2000ほどあった。冬に別の巣を掘り出す。巣の下には死んだハチ、死にかかったハチがいた。生き残っていた雌100匹を飼育する。しかし餌を与えても暖めても1月にはすべてが死に絶えてしまった。その理由はよくわからない。

◉第8巻20章

▼スズメバチの巣――三万の住民が住んだ跡(集)
▼すずめばち(つづき)(岩)
▼すずめばち(續き)(叢)

冬が近づくとスズメバチの巣では死者が増えていく。卵や幼虫は働きバチに殺される。それを観察するため一〇月から飼育を始めた。幼虫は肉食なので生きたアブを入れる。さまざまな虫を籠《かご》に入れるが、働きバチは遠ければ無視し、近ければ殺して排除する。弱った幼虫も排除されてしまう。

一一月、働きバチの仕事は疎《おろそ》かになり、嬰児《えいじ》虐殺《ぎゃくさつ》が始まった。そして一一月末には働きバチも死に絶えてしまう。その後、スズメバチの巣には、これらの死骸《しがい》を食べるものが集まってくる。3万匹の住民が残したものは、灰色の木の繊維《バルブ》だけである。

◉第8巻21章

▼ベッコウハナアブ
――なぜスズメバチに擬態する必要があるのか?(集)

▲ベッコウハナアブ。ハエの仲間なので毒針はもたない。

▼べっこうあぶ（岩）
▼はねひげばへ（叢）

冬が訪れると、地下のスズメバチの巣は役目を終え、その下は幼虫や成虫の死骸《しがい》でいっぱいになる。そこに残骸《ざんがい》を生命の循環に戻す役割を果たす虫がやってくる。

九月には巣の外被《がいひ》にベッコウハナアブが卵を産みつけていた。このアブはスズメバチと似た衣装をまとっている。つまり擬態《ぎたい》しているから巣に侵入できるのだという。入り口では効果がありそうだが巣の中は暗く色彩は意味がない。

孵化《ふか》したアブの幼虫は巣の下の死骸を食べる。生きたハチの幼虫は襲わない。侵入者には容赦ない働きバチもアブの幼虫には寛容なようだ。

◉網（巣）を張るクモ、地上を徘徊するクモのくらし

◉第8巻22章

▼ナガコガネグモ
――三種の糸で造られた卵嚢《らんのう》の見事さ（集）
▼こがねぐも（岩）

▼おびもんのだいみやうぐも(叢)

南仏でもっとも美しいクモはナガコガネグモである。放射状に伸びた糸と、その中心から螺旋状《らせんじょう》に広がった網《あみ》（巣）も美しい。力の強いバッタがかかっても布のように広げた糸で絡め取ってしまう。そして獲物がからからになるまで体液を吸う。

この母親は見事な卵を包む絹の袋、卵嚢《らんのう》を作る。大きさは鳩《はと》の卵ほどで軽気球を逆さにした形をしている。切り開いてみると、外被《がいひ》の内側に卵の入った袋が吊《つ》られている。卵嚢は複雑な工芸品で外、内、中心と三種の糸が使い分けられている。

◉第8巻23章

▼ナルボンヌコモリグモ
――卵を入れた袋を尻にぶら下げて運ぶ(集)

▼ナルボンヌの毒ぐも(岩)

▼ナルボンヌのふくろぐも(叢)

徘徊性《はいかいせい》ナルボンヌコモリグモは地面に掘られた巣穴に住んでいる。八月の初め、腹の大きな雌が雄を食べていた。

10日後、雌は卵を産んだ。地面に土台となる網《あみ》を張り、その中央に卵塊を産む。そして土台の網の縁をはずして卵塊を包み込む。そして卵の袋（卵嚢《らんのう》）を尻からぶら下げるのだ。この卵嚢をピンセットで取り上げようとすると雌は必死で抵抗する。取り上げて別の雌の卵嚢を与えると、それを腹部につけて安心する。

別種のナナイボコガネグモの卵嚢やコルクの玉でも満足する。卵嚢内で孵化《ふか》し、そこから出てきた仔《こ》グモは母親の背中によじ登る（109頁下）。母親は仔グモを背に乗せたまま冬を越す。

◉第9巻1章

▼ナルボンヌコモリグモ
――どうやって地面に巣穴を掘るのか(集)

▼ナルボンヌのどくぐも――棲み穴(岩)

▼ナルボンヌのどくぐも――巣穴(叢)

ナルボンヌコモリグモの巣は地面に掘られる。出入り口は砂や小枝などを糸で綴《つづ》った胸壁《きょうへき》に囲まれている。飼育して材料を与えると、胸壁はとても高くなる。八

▲地面の巣穴から出てきたナルボンヌコモリグモ。穴のまわりは落ち葉で作られた胸壁。

月になると巣の出入り口が円天井《ドーム》で塞がれた。巣穴をもたない若いクモも越冬のためには巣穴を掘る。

二月にクモを飼うと巣穴を掘らなかった。今は巣穴を掘る時期ではないのだ。巣作りの季節に再度実験すると巣穴を掘った。しかし深さ3センチほどのきっかけになる穴が必要だった。本能にとって、為《な》したことはもう終わったことで、同じことは繰り返せない。

◉第9巻2章

▼ナルボンヌコモリグモの家族
——母親の背中に乗る子グモの群れ（集）
▼ナルボンヌのどくぐも——子の群（岩）
▼ナルボンヌのどくぐも——家族（叢）

ナルボンヌコモリグモの母親は、腹部にぶら下げた卵《らん》嚢《のう》をかたときも放さない。ピンセットで奪おうとすると毒牙で咬《か》みついて抵抗する。夏の終わりには巣穴から下半身を出し、卵嚢に太陽の光をあてる。

九月初旬、卵嚢から仔《こ》グモが出てくる（１０９頁下）。仔グモはすばやく母親の背に登る。母親は別の親の仔グモでも背中に乗せる。

仔グモは母親の背で7か月を過ごす。何を食べているのだろうか。母親が何かを与えるようすはない。背中から分泌物が出ているのか、太陽の光が仔グモを養っているのだろうか。

◉仔グモの旅立ち

▼ナルボンヌコモリグモの木登り

――子グモに突然現われ、消える本能(集)

◉**第9巻3章**

▼ナルボンヌのどくぐも――木登り本能(岩)

▼ナルボンヌのどくぐも――登攀本能(叢)

三月を過ぎるとナルボンヌコモリグモの仔《こ》グモたちは母親の背中から旅立つ。まず、仔グモたちは高いところを目指す。そこから長い糸を出し、風に乗って飛んでいく。仔グモの旅立ちは1、2週間続く。

ニワオニグモの仔グモの旅立ちも見事である。2個の卵囊《らんのう》を観察する。高さ5メートルの竹を用意し、卵囊を置いておく。卵囊から脱出して仔グモは近くの小枝で球状に集まる。全員が糸を出し薄い膜を張る。集団になった仔グモは少しずつ竹に登り、そこで長い糸をなびかせて、遠くへ飛んでいった。

▼クモの旅立ち――ナガコガネグモの分散(集)

◉**第9巻4章**

▼くもの旅立ち(岩)

▼蜘蛛の移住(叢)

植物の種子は熟すとさまざまな方法で拡散する。ナガコガネグモの卵囊《らんのう》には500近い卵が入っている。仔《こ》グモは卵囊からどうやって脱出するのか。

オニグモの卵囊で観察する。卵囊から出た仔グモは枝先へ登り、糸を棚引《たなび》かせる。糸は上昇気流に乗り4メートルある天井まで達した。生まれたての仔グモにこれだけ糸を紡《つむ》ぐ能力があるのだ。窓を開けると仔グモは飛行用の糸にぶら下がって姿を消した。

ナナイボコガネグモの卵囊は横腹に穴が開き、仔グモが出てきた。短い糸にぶら下がり振り子のように揺れながら散っていった。

▼シロアズチグモ――カニに似たクモ(集)

◉**第9巻5章**

▲コガネグモの仲間オニグモ。夜行性で昼は物陰で休んでいることが多い。

▼かにぐも（岩）
▼かにぐも（叢）

シロアズチグモの仲間につけられたカニグモという名称はその実態をよく表している。このクモはカニのように横に歩く。網《あみ》を張らず、花の中で待ち伏せをしてミツバチを狩る（111頁）。首筋へのひと咬《か》みは電撃的だ。このクモの姿は実に優雅《エレガント》で乳白色、ときにはレモンイエローをしている。

雌は枯れ葉を糸で綴《つづ》って卵を収める卵嚢《らんのう》を作る。産卵後、雌は卵嚢を守り続ける。だんだん痩せてくるが卵嚢を離れることはない。七月に仔《こ》グモが出てくる。棚《たな》小枝の上へ登り、糸で旅立ちの基地を作る。そして引《ひ》かせた糸を落下傘《パラシュート》にして飛び立っていく。小さなアズチグモはミツバチが捕れるようになるまで、どのように暮らしているのか。

◉クモの網（巣）を調べる

◉第9巻6章

▼コガネグモの仲間――巣の網《あみ》の張り方（集）
▼こがねぐも類――網のかけ方（岩）

クモの才能は経験によって獲得されたものではない。若いクモでも立派な網《あみ》を張る。

クモは枝を渡り歩きながら橋糸《はしいと》をかける。そして橋糸の下に1本の糸を張る。その真ん中には照準となる白い絹の厚布《あつぬの》が作られる。この中心の白い点から枠糸に向かって放射状に縦糸が何本も張られる。一定数の糸が張られると、中心から外側に向かって螺旋状《らせんじょう》に細い糸が張られる。これが足場となる補助螺旋だ。

外側から内側に向かって、クモはいっぽうで放射状の縦糸、いっぽうで補助螺旋に脚をかけて、粘りのある横糸を螺旋状に張る。不要になった足場糸は取り除かれる。人間は右利きが多いが、クモは左右どちら向きでも螺旋を巻くことができる。

▼黄金蛛類——網の組立(叢)
▼コガネグモの網《あみ》——クモの巣が壊れたらどうするのか(集)
▼こがねぐも類——お隣の住人(岩)
▼黄金蛛類——私の隣人(叢)

◉第9巻7章

七月になると、カドオニグモ(コガネグモ科)が毎晩同じ場所に網《あみ》を張る。糸を引き出しながら落下し、地上の手前で出発点に戻る。二重になった糸が離れた小枝に絡みつき、補強されると「支えの綱《ケーブル》」になる。網は毎日張り替えられるが、綱《ケーブル》だけは残される。張り替えるより、繕《つくろ》うほうが簡単ではないか。

網を鋏《はさみ》で切ってみる。足場の糸が張られただけだった。螺旋状《らせんじょう》の横糸を破壊するが、何もしない。他のクモでも試してみるが結果は同じだった。毎日素晴らしい才能を発揮するクモも、突然の事故に対処する方法は知らないのだ。

◉第9巻8章

▼コガネグモの粘着性の糸——なぜ自分は罠《わな》にかからないのか(集)
▼こがねぐも類——もちの罠(岩)
▼黄金蛛類——黐網(叢)

コガネグモの網《あみ》の螺旋状《らせんじょう》の横糸は粘着性を帯びている。この横糸には結節があり、陽光にきらめくので枠

▲オニグモ(日本産)の円網《えんもう》は、典型的な「クモの巣」の形。粘着性の横糸は螺旋を描く。

糸や放射状の縦糸とは、ひと目で区別できる。

クモは粘《ねば》つく横糸に脚を取られることはない。中央の休息場は粘り気のない糸で作られている。切り取ったクモの脚を横糸にくっつけてみても、つかない。薬で脚から油分を取り除くと、脚は糸についた。横糸を湿り気にさらすと細い筋になる。横糸の粘液は水溶性なのだ。

カドオニグモは2か月間毎晩網を張り替える。横糸だけでも1キロメートル以上生産していることになる。クモの糸がどうやって作られるのかは、より微細な観察をする人にゆだねたい。

◉第9巻9章

▼コガネグモの電信線
——網《あみ》にかかった獲物の存在を知る方法(集)
▼こがねぐも類——電信線(岩)
▼黄金蛛類——電信線(叢)

夜行性のオニグモは昼間は網《あみ》から離れた隠れ家に潜んでいる。昼間、網に獲物がかかったらどうするのか。クモはちゃんと網にかけつける。死んだ虫をつけても出てこない。麦藁《むぎわら》で死んだ獲物を震わせるとクモは反応する。網が振動することが重要なのだ。

赤い毛糸の球で実験する。触って偽物だと気づくクモもいるが、視覚にたよっているわけではない。よく見ると、網の中心から1本の糸が隠れ家まで伸びている。この糸は通路として使われているが、網の振動を伝える電信線でもあるのではないか。糸を切って実験する。カドオニグモは隠れ家にいるときは常に脚で電信線に触れ、網に異変がないか待機している。

◉クモの網（巣）が語る数学

◉第9巻10章

▼コガネグモの幾何学——糸で紡《つむ》がれる対数螺線《たいすうらせん》（集）
▼こがねぐも類——くもの巣の幾何学（岩）
▼黄金蛛類——網の幾何學（叢）

クモの才能を数式を使わずに幾何学的に論じてみよう。コガネグモの網《あみ》は放射状の縦糸が等間隔に張られている。放射状の2本の縦糸は横糸によって扇形に区切られている。

横糸は螺旋状《らせんじょう》に張られた糸の一部で、それぞれ平行に並び、中心に近づくにつれてその間隔は狭くなる。これらの性質からクモの網が対数螺旋《たいすうらせん》であることがわかる。

対数螺旋とは、幾何学者が頭の中で創り出した概念なのか。そうではない。アンモナイト、オウムガイ、身近なヒラマキガイの貝殻も対数螺旋を描いている。コガネグモも糸で対数螺旋の網を紡《つむ》ぐ。幾何学はすべてを司《つかさど》っている。それはクモの糸も惑星の軌道でも同様である。

◉クモの生活

◉第9巻11章

▼コガネグモの番《つがい》——雌雄《しゆう》の出会いと狩り（集）
▼こがねぐも類——番《つがい》——猟（岩）
▼黄金蛛類——番ひ——狩獵（叢）

夏の夜、カドオニグモの結婚を観察した。小さな雄は用心しながら大きな雌に近づく。雌は脅すように前脚を振り上げる。雄は逃げたり戻ったりを繰り返しながら、ついに思いをとげる。そして雄は大慌てで雌の元から逃げていく。

▲円網《えんもう》にいるナナイボコガネグモ。右の小さいものは雄。

雌は網《あみ》にカマキリやスズメバチなどの危険な獲物がかかると、用心深く糸を帯状《リボン》にして簀巻《すま》きにする。完全に制圧すると毒牙で咬《か》む。効き目が現れると休息場に運んで食べ始める。

クモの咬み傷の効果とは何か。狩《か》りバチのように正確な一点を突くわけではない。咬まれた獲物を取り上げて観察する。即死ではないが2日後に死んだ。どこを咬んでも麻痺《まひ》したり死んだりする毒を利用しているのだ。

◉第9巻12章 網《あみ》を交換する実験(集)

▼コガネグモの財産——所有権(岩)
▼こがねぐも類——所有権(叢)
▼黄金蛛類——所有權(叢)

クモの網《あみ》は自分で作った財産である。クモは自分の網と他人のそれを区別できるのか。2匹のクモの網を交換してみる。両者とも他人の網を受け入れた。

ナガコガネグモとナナイボコガネグモを入れ替えてみた。後者の網は、前者の網より粘液のついた横糸が密に編まれている。しかし両者は何ごともなかったように中央に陣取った。

ナナイボコガネグモの網にナガコガネグモを侵入させてみた。所有者が食べられてしまった。同種間で試すと侵入者が勝った。

夜行性のニワオニグモに、昼行性のナガコガネグモを昼間侵入させた。オニグモは巣に駆けつけたが、危険を感じて隠れ家に戻った。夜になると家主が現れ、侵入者は逃げた。人類だけが良心によって法を作るのだ。

◉若き独学者ファーブルの思い出

◉第9巻13章

▼数学の思い出——ニュートンの二項定理(集)
▼数学思い出話——ニュートンの二項式(岩)
▼數學の想ひ出——ニュートンの二項式(叢)

クモの網《あみ》が対数螺旋《たいすうらせん》であることに気づいたのは私が代数を身につけていたからだ。独学で学んだ数学の思い出を語ろう。

師範学校を出た頃、代数という言葉を聞いただけで目眩《めまい》がした。むしろウェルギリウスの詩のほうが魅力的だった。ところが生徒に代数を教えることになった。時間も本を買うお金もない。理科教師の本棚《ほんだな》からこっそり本を拝借する。

さあ、本と一対一の対決だ。「ニュートンの二項定理」という題名が目につく。親指を耳の後ろに当てて全神経を集中する。配列し、組み合わせ、置換する。理解できる！　私は生徒に教えることができた。幾何学は論理的な思考法を教えてくれるのだ。

◉第9巻14章

▼小さな机の思い出——数学を学んだ伴侶(集)
▼数学思い出話——私の小テーブル(岩)
▼數學の想ひ出——私の小テーブル(叢)

解けない問題が気になり、寝ているときに答えを思いつくことがある。知の世界で成功したいと思うなら、その問題を絶えず考え続けることだ。

詩人ユゴーは「芸術のなかにも、科学のなかにも数はある」と言う。同僚は苦しみながら勉強したが、私は楽しんだ。15か月後、私たちは大学の試験に合格した。私はさらに独りで高等数学の道を進んだ。

▲イナヅマクサグモ。

伴侶は小さな机。今では古く傷だらけになった机は、私がいなくなったらどうなるのだろうか。私の机よ、若かった日に戻ろう。ケプラーの法則に取り組んだ日曜日。本は読者が問題に躓《つまず》いてしまっても助言はしてはくれない。独学者はどうするのか。信念をもって前進するのだ。

◉変わった網（巣）を作るクモ

◉第9巻15章

▼イナヅマクサグモ
——草むらに張られる迷宮《ラビリンス》状の糸（集）
▼ラビリントぐも（岩）
▼くさぐも（叢）

巣の出入り口に扉を作るトタテグモ、水中に巣を作るミズグモなど変わった生態のクモが知られるが身近にはいない。普通に見られるイナヅマクサグモを観察する。このクモは野原で薄い布のような棚網《たなあみ》を作る。

産卵が近づくと棚網を捨てて、草むらに巣を作る。そこで母グモは卵嚢《らんのう》に卵を産み、その卵嚢を保護する。卵嚢は巣の中心に宙吊《ちゅうづ》りにされている。1か月後、仔《こ》グモが孵化《ふか》するが春まで卵嚢内にとどまる。採集してきた卵嚢を観察する。内壁には砂が織り込まれていた。この硬い壁は天敵の侵入を防いでいるのだ。

◉第9巻16章　石の裏に絹の巣を紡《つむ》ぐ織姫《おりひめ》(集)

▼クロトヒラタグモ——
▼クロトぐも(岩)
▼クロトぐも(叢)

クロトヒラタグモは南仏の荒れ地《ガリーグ》で平たい石の裏に巣を作る。巣は円天井《クーポル》を逆さまにした形で、放射状に糸で石の裏に固定されている。クモを巣ごと採集して飼育する。巣には卵が入った卵嚢《らんのう》が5、6個作られる。母グモはこの卵嚢の上に陣取っている。

一一月になると仔《こ》グモが孵化《ふか》し、六月まで巣にとどまる。初夏、仔グモが巣立つと、母グモは新しい巣を作る。仔グモは巣を出るまで何も食べない。なぜ仔グモが半年以上、食物を摂《と》らないでいられるのかという疑問は、いつの日か科学が解き明かすことだろう。

◉サソリの生活史

◉第9巻17章　サソリの飼育(集)

▼ラングドックサソリ——住居(岩)
▼ラングドックさそり——棲家(叢)
▼しろさそり——

これまでサソリの生活史が科学的に記録されたことはない。むしろサソリは星座や暦の象徴《シンボル》という存在だ。若き日、学術論文を書くためにムカデを探しているときラングドックサソリを見かけた。それから50年、サソリを観察することにした。

2本の大きな鋏《はさみ》で獲物を摑《つか》み、尾の先の毒針で頭ごしに刺す。庭に作った集落《コロニー》と室内の釣鐘形の金網の2か所で飼育する。気温が低いとじっとしており、四月になると活動を始める。庭のものはみな逃げてしまった。脱走を防ぐためにガラス張りの飼育箱を作った。飼育で知り得た知見と野外での観察をあわせてサソリの生活史を語ってみよう。

◉第9巻18章　大食と断食(集)

▼ラングドックサソリの食物——
▼ラングドックさそり——食べ物(岩)

▲ナルボンヌコモリグモを捕らえたラングドックサソリ。毒針で刺し、食べてしまった。

▼しろさそり――食物(叢)

一〇月から半年間、サソリは巣の中でじっとしている。三月下旬、ようやく食事を始める。小さな虫には毒針は使わない。コオロギやワラジムシを与えても食べない。皮が硬いものは好まないのだ。体の軟らかいクチキムシを与える。鋏《はさみ》で掴《つか》み齧《かじ》り始めた。暴れると毒針を使う。

四月、五月の繁殖期になると食欲が高まる。共食《ともぐ》いも見られた。中ぐらいのサソリを断食させたら9か月生きた。孵化後《ふかご》2か月の幼体も半年以上絶食に耐える。寿命はどのくらいなのか。野外のサソリは、体長から5つの集団に区分することができた。

◉第9巻19章

▼ラングドックサソリの毒
――毒が効く虫と効かない虫(集)

▼ラングドックさそり――毒(岩)

▼しろさそり――毒液(叢)

サソリは狩りに毒針を使わない。食事中に獲物が暴れると毒針でおとなしくさせる。毒針は保身のために使われるのだ。サソリを壜《びん》に入れ、さまざまな虫と対決させてみた。

ナルボンヌコモリグモが前脚を振りかざして威嚇《いかく》してもサソリは気にせず鋏《はさみ》で掴《つか》み、毒針を刺した。網《あみ》の上ではカマキリやスズメバチに勝つコガネグモも、巣から離れるとサソリの敵ではない。カマキリ、ケラ、コバネギス、セミも即死した。硬い鞘翅《さやばね》を取り除いたスカラベもサイカブトも斃《たお》れた。オオクジャクヤママユは毒に耐えて産卵した。獲物によって毒の効き目が異なるのはなぜか。

◉第9巻20章

▼ラングドックサソリの毒の効き目
——獲物によって毒への耐性《たいせい》が異なるのはなぜか（集）
▼ラングドックさそり——幼虫の免疫性（岩）
▼しろさそり——幼虫の免疫性（叢）

サソリの毒の効果をハナムグリの幼虫で実験した。刺されても毒は効かない。12匹の幼虫で実験したが、すべて翌年無事に成虫になった。ハナムグリの幼虫はサソリとは無縁なのに毒に耐性をもつ。しかし成虫は刺されると死ぬ。チョウやガも幼虫は耐えるが成虫は死んだ。バッタは若虫も成虫も死んだ。

サソリに刺されたハナムグリの幼虫の血液を成虫に輸血する。免疫ができて毒に耐えるようになるだろうか。そうではなかった。成虫はサソリの毒で死んでしまった。

◉第9巻21章

▼ラングドックサソリの恋——雌雄《しゆう》の出会い（集）
▼ラングドックさそり——恋愛序奏曲（岩）
▼しろさそり——序曲（叢）

四月、庭で飼っていたサソリは姿を消してしまった。ガラスの飼育箱にいる25匹のサソリを観察する。夜、サソリは浮かれだす。2匹のサソリが額《ひたい》と額を突き合わせて鯱《しゃちほこ》立《だ》ちをする。これは格闘なのか。2匹のサソリは散歩を始める。ほっそりした雄が雌の鋏《はさみ》を掴《つか》んで後じさりに鉢のかけらの下に導く。翌朝見るとそこには雌が1匹いるだけだった。

▲ラングドックサソリの求婚のダンス。左の雄が雌を誘っている。

別の夜、番《つがい》のサソリを観察していると雄が雌に食べられていた。雄が雌を誘い出す瞬間を観察する。雄は相手が誰でもよいが、雌はそうではない。気に入らないと逃げ出す。

◉第9巻22章

▼ラングドックサソリの結婚
——恋人たちのそぞろ歩き(集)
▼ラングドックさそり——交尾(岩)
▼しろさそり——交尾(叢)

六月はラングドックサソリの結婚の季節だ。ランタンの灯りでガラスの飼育箱のサソリを観察する。雄は鋏《はさみ》で雌の鋏を摑《つか》み、後じさりに移動する。雄は若い雌にしか関心がない。妊娠した雌は雄を拒む。番《つがい》になった雌雄は鉢のかけらの下に潜む。妊娠中の雌は雄を食べることもある。共食《とも》い《ぐ》の発作は仔《こ》サソリが独立するころには収まる。2匹の雄が雌を取り合うこともあった。

四月から九月までこうした結婚のための騒ぎが続く。しかし結婚の瞬間が観察できない。それは深夜のことなのか。残念ながら3、4か月も続く寝ずの番は、私の体力が許さない。

◉第9巻23章

▼ラングドックサソリの家族
——母親の背中に乗る子供（集）
▼ラングドックさそり——家族（岩）
▼しろさそり——家族（叢）

あのパスツールが私の家を訪ねてきた。カイコの病気を調べているという。しかし彼はカイコの繭《まゆ》を見たことがなかった。パスツールは細部に囚《とら》われずに大局を摑《つか》んで思考する人物だった。私も本や人の意見に左右されず事にのぞもう。

七月末、クロサソリの雌が背中に子供を乗せていた。ガラスの飼育箱のラングドックサソリも背中に子供を乗せていた。サソリは胎生なのか。生まれたての白い仔《こ》サソリは、母親の背中に這《は》い登《のぼ》る。その母親の姿は、白いケープをまとったようだ。親は仔に餌《えさ》を与えているようすはない。仔サソリに何を与えればよいのか。名残り惜しいが本来の住《す》み処《か》に戻してやろう。

◉カイガラムシの繁殖

◉第9巻24章

▼ハカマカイガラムシ
——体の中に子を宿す蠟《ろう》に覆《おお》われた小さな虫（集）
▼かいがらむし（岩）
▼たかとうだいきむし（叢）

取るに足りない虫のなかに驚くべき創意を見いだすことがある。

小さなハカマカイガラムシの場合がそれだ。春になるとこの虫は、越冬してた落ち葉の下からユーフォルビアの木へ登る。そして茎に口吻《こうふん》を突き刺し汁を吸う。やがて虫の体は白い蠟《ろう》で覆われ、体全体は3倍も長くなる。

四月、その蠟の覆いを開けてみると中には卵と幼虫が入っていた。八月になると、幼虫は外へ出てくる。これら幼虫には2種があることがわかってきた。吸《きゅう》汁《じゅう》を続ける大多数のものと、蠟に包まれた少数のものとである。

九月になると後者は蠟の中で蛹《さなぎ》になり、やがて雄が

▲カシの葉に付いたケルメスタマカイガラムシの雌２匹。成熟すると黒くなる。

羽化した。翅《はね》をもつ雄は1か所で動かずにいる雌を探して交尾をする。

◉第9巻25章

▼ケルメスタマカイガラムシ
——母親の体内で育つ幾千もの子供（集）
▼かしのたまかいがらむし（岩）
▼かしのきたまごむし（叢）

コモリグモやサソリは子供を背中に乗せて保護する。ハカマカイガラムシは体の中で子供を守っている。セイヨウヒイラギガシを調べてみると黒い球が見つかる。これはケルメスタマカイガラムシである。まるで液果《えきか》のようだが虫なのだ。

五月末に母親の体を開けると数千の卵が入っていた。六月末、孵化《ふか》した幼虫は、母親の体内から脱出する。

翌年四月、小枝を虫眼鏡で調べていると1匹の小さな虫が横切った。母親の胎内から出てきた幼虫だった。翌日、この虫が脱皮すると小さな球になった。

この木からは2種の虫が採集できた。多くは球体のもので、数が少ないのはナメクジのような姿だった。後者は雄の幼虫なのだろう。

◉ミノタウロスセンチコガネの巣穴はなぜ深いのか

◉第10巻1章

▼ミノタウロスセンチコガネ
——とんでもなく深い巣穴（集）
▼みつかどせんちこがね——巣穴（岩）
▼ミノトオル・テイフエ——巣（叢）

ミノタウロスセンチコガネはとても深い巣穴を掘る。この糞虫《ふんちゅう》は巣穴に羊の糞《ふん》を蓄える。秋から冬は雌雄別の浅い巣穴にいるが、春になると番《つがい》になり、深い巣穴を掘る。糞を集めに外出するのは雄だけだ。ひと組の番に印をつけ、ふた組、4匹の虫を観察装置に入れる。

翌日、二つの穴が掘られたが、番の組み合わせは変わらなかった。3回繰り返しても同じで、それ以降は混乱した。家族総出で野外に巣穴を掘ってみた。1メートル50センチのところで巣の小部屋を発見できた。雌は底におり、雄はその少し上にいた。卵を採ってガラス管で育てる。この虫は夏の乾燥から幼虫の食物を守るために深い巣穴を掘るのだ。

◉第10巻2章

▼ミノタウロスセンチコガネの巣穴
——第一の観察装置（集）
▼みつかどせんちこがね——最初の観察装置（岩）
▼ミノトオル・テイフエ——第一の観察設備（叢）

ミノタウロスセンチコガネの巣穴を調べるために、長いガラス管と3本の竹で観察装置を作った。雌が先に土を掘り、雄は後方で残土を上に押し上げる。雄は残土を入り口近くにまとめておき、最後に押し出す。

三月に始まった作業は四月半ばに終わった。羊の糞《ふん》を与えると、雄によって10日間で23個が運び込まれた。雄は底から一定の高さに糞を固定すると、砕いて下に落とす。下にいる雌はそれを精製して幼虫の食物を作る。

六月初旬、別の飼育箱の土を掘り起こす。15匹いた雄は1匹だけ生き残り、雌はすべて生きていた。勤勉な雄は、使命を果たすと巣を汚さぬため、外へ出て死ぬのだ。

▲ミノタウロスセンチコガネ（photo by urjsa is licensed under CC BY-SA 2.0）。

◉第10巻3章

▼ミノタウロスセンチコガネの子育て
——第二の観察装置（集）
▼みつかどせんちこがね——第二の観察装置（岩）
▼ミノトオル・テイフエ——第二の観察設備（叢）

ガラス管と竹で作ったミノタウロスセンチコガネの観察装置より、空間の広い高さ1メートル40センチの角柱の装置を2台作った。

一二月に雌を入れ、二月に雄を入れた。片方の装置では六月の時点で239個の羊の糞《ふん》が蓄えられた。数日後、雄が外で死んでいた。装置の内部には卵がなく、底の板を掻きむしった跡が残っていた。この春は天候不順で雌は巣穴をより深くしようとしたのだ。

ガラス管で幼虫の成長を観察する。卵から成虫まで5か月かかった。もう1台の装置を開けてみると雌は死んでいたが8匹の幼虫がいた。野外ではすでに新成虫が見られる。装置の中ではなぜ成長が遅れるのか。

◉第10巻4章

▼ミノタウロスセンチコガネの美徳

——進化論は番《つがい》の役割分担を説明できるのか（集）
▼みつかどせんちこがね——道徳（岩）
▼ミノトオル・テイフエ——道徳（叢）

ミノタウロスセンチコガネの雄は、番《つがい》になった雌を最後まで支え続ける。普通、虫の雄は子供に無関心だが、この虫は違う。幼虫が育つ暑い夏に蓄えた羊の糞《ふん》が乾燥しないように巣穴は深く掘られる。深い巣穴を掘るために雌雄の共同作業が生まれたのだ。さらに雄は糞を集め、雌がそれを加工する。

ここまで進化論の理屈で説明がつく。しかし幼虫1匹分の糞を蓄えただけで雄が死ぬのはなぜか。雌は1匹で働かなくてはならない。雄はなぜもう少し長く生きられないのか。進化論は何も教えてくれない。

◉小さなゾウムシの謎　◉第10巻5章

▼タマゾウムシ
——食草《しょくそう》の実《み》から出て暮らすゾウムシ幼虫の例外（集）
▼はしらぞうむし（岩）
▼シオーヌ（叢）

胡椒《こしょう》の粒より小さなモウズイカタマゾウムシが昆虫学上の大きな問題を提出してくれる。七月、オオモウズイカの蒴果《さくか》で5つほどの卵を見つけた。蒴果は小さく、幼虫1匹分の食物にもならない。孵化《ふか》した幼虫は蒴果から出て茎の表皮を食べる。脚のない幼虫は全身が粘液で覆われている。やがて蛹化《ようか》と羽化《うか》のために小壜《アンプル》のような殻を作った。

比較のためにモウズイカゾウムシを観察する。六月と七月に蒴果を開けると2匹の幼虫がいた。翌年四月、成虫はようやく蒴果から脱出してきた。なぜモウズイカタマゾウムシの幼虫は蒴果から出てくるのか。それは退化なのか、進歩なのか。

◉ローマ人が愛好した昆虫の味　◉第10巻6章

▼ヒロムネウスバカミキリ——コッススの饗宴《きょうえん》（集）
▼ひろむねうすばかみきり——コッスス（岩）
▼エルガアト——木食虫（叢）

ローマ人が贅沢《ぜいたく》の限りを尽くしたのちに辿《たど》り着いたという珍味コッスス。それは樫《かし》の木に棲《す》む蛆虫《うじむし》だとい

▲オオモウズイカに棲《す》むモウズイカタマゾウムシ。

う。松林の切り株で親指ほどの幼虫を手に入れた。これがコッススなのだ。謝肉祭《カーニヴァル》の最終日マルディ・グラに、家族と食べてみる。串に刺して塩を振って炭火で焼いた。私が最初に口に入れ、家族や友人もかぶりつく。汁気が多くて軟らかく大変美味しい。この虫を成虫になるまで育ててみる。

七月上旬、白い見事な蛹《さなぎ》になった。2週間後、羽化《うか》してコッススの正体がヒロムネウスバカミキリであることがわかった。番《つがい》で飼育する。気が強い虫で、脚や触角を切り合ってしまった。

◉なぜ成虫にはない角が蛹にはあるのか

◉第10巻7章

▼ウシエンマコガネ――番《つがい》の絆《きずな》の強さ、弱さ(集)
▼うしくろまるこがね――房室(岩)
▼オントフアージユ・トオロオ――巣(叢)

ウシエンマコガネを中心にもう一度、糞虫《ふんちゅう》の仲間について語ろう。番《つがい》は交尾すると別々に巣穴を掘る。1週間後に雄が、その後に雌が巣穴から出てきた。雌は近くにある羊の糞《ふん》を巣穴に運び込む。雄は巣作りに無関心である。エンマコガネの仲間には番の絆《きずな》はない。巣穴のいちばん底に広い部屋があり、その壁に卵が産みつけられる。小さな卵にこの広さが必要なのか。

小部屋の壁には粥《かゆ》のような上塗りが見られる。これは滲《にじ》み出た水分なのか。違った。これは母親が幼虫のために用意した特製の糞のクリームなのだ。私は糞虫の生活史を書くにあたり、2度意見を変えた。真理を最初から掘り当てるのは難しい。

◉第10巻8章

▼ウシエンマコガネの幼虫と蛹《さなぎ》
——蛹のときにはあって成虫になると消える角《つの》（集）
▼うしくろまるこがね——幼虫と蛹（岩）
▼オントファージュ・トオロオ——幼虫、蛹（叢）

ウシエンマコガネの卵は五月に孵《ふ》化《か》する。背中に大きな瘤《こぶ》をもつ幼虫は、横倒しになって小部屋の壁の糞《ふん》のクリームを舐《な》める。食物を食べ尽くすと、自分の糞で蛹《さなぎ》になるための土窩《どか》（土繭《つちまゆ》）を作る。七月初旬、土窩を開けると半透明の蛹が入っていた。

雄の蛹の額《ひたい》には2本の角《つの》、前胸《ぜんきょう》に1本、腹部に8本の突起があった。蛹が成熟すると額の角は硬くなるが、それ以外は萎《しぼ》んでしまう。低温にして蛹の期間を長くすればこの突起を残すことができるのではないか。装置がなくて実験できなかった。成虫になると失われる蛹の突起には、どんな意味があるのか。自分の無知を恥じることなく、何も知らないと告白しよう。

◉草食の昆虫のくらし

◉第10巻9章

▼マツノヒゲコガネ
——夏至の夜、松葉を齧《かじ》る美髯《びぜん》の伊達者《だてしゃ》（集）
▼松のこふきこがね（岩）
▼松黄金虫（叢）

松の楽園に棲《す》むマツノヒゲコガネの衣装は、渋い栗色の地に白ビロードの不規則な斑点《はんてん》がある。雄は触角の先に大きな7枚の薄片を羽根飾りのようにつけている。夏至の夕暮れにマツノヒゲコガネは松林に飛来する。雌を求めて雄がお祭り騒ぎをする。

4組の番《つがい》を飼育して観察する。雄も雌も尾端の体節を鞘翅《さやばね》の先に擦《こす》りつけて音を出す。虫は人間の音楽を

▲マツノヒゲコガネ。

感じるのか。オルゴールを聞かせたが反応はなかった。七月前半、雄は死に、雌は産卵を始める。産卵後、1か月で幼虫が孵化《ふか》した。幼虫は松林から遠い、イネ科の植物が生える腐植土の中で育つ。

◉第10巻10章

▼キショウブサルゾウムシ
――幼虫はどうしてキショウブしか食べないのか(集)
▼菖蒲ぞうむし(岩)
▼沼菖蒲の穀象虫(叢)

キショウブをよく見ると小さなゾウムシがたくさんついている。六月からこのキショウブサルゾウムシを飼育する。七月末、岸辺のキショウブの莢《さや》を開けると、幼虫、蛹《さなぎ》、成虫が見られた。莢には、種子の数から考えて、養える幼虫の数の倍の産卵の跡があった。育つものは育つ、そうでないものは育たないのだ。

八月、成虫が外へ出てくる。近所には3種のアヤメの仲間が見られるが、ここにはキショウブサルゾウムシはいない。飼育下では、どの莢も食べる。しかし産卵はキショウブでしか行わない。子供を宿すとなると、習わしからはずれる植物は、どうあっても回避するのだ。

◉第10巻11章

▼草食の虫たち
——植物食の虫は決まった食物、
肉食の虫は肉ならなんでも(集)

▼虫の菜食主義者たち(岩)

▼菜食虫(叢)

植物食の虫は決まったものしか食べない。動物食の虫はなんでも喜んで食べる。動物質のものは植物質のものより精製されていて、胃袋が受け入れやすいのだ。牧草から羊の肉を作るには、高度な消化吸収の化学作用が求められる。糞虫《ふんちゅう》であるセンチコガネの幼虫を枯れ葉で作った餌で飼育する。成虫まで育った。

ドクロメンガタスズメの幼虫はジャガイモの葉を食べる。しかし同じナス科のヒヨスやタバコの葉は食べない。これらの植物には毒があるが、ジャガイモにも別の毒がある。同じ起源をもつ虫たちがなぜ異なる食性をもつのか。それぞれ種《しゅ》の起源が無関係であることを証明しているのではないか。

◉第10巻12章

▼昆虫の矮小型《わいしょうがた》
——幼虫時代の栄養状態と
成虫になったときの大きさ(集)

▼ちび虫(岩)

▼矮人(叢)

ミノタウロスセンチコガネの矮小型《わいしょうがた》の雄を見つけた。普通より6ミリ小さく、体積は4分の1しかない。幼虫時代の栄養状態で体格の最大限《マキシマム》と最小限《ミニマム》が決まるのだ。タマオシコガネ(スカラベ)の卵の入った梨球《なしだま》を4個、半分に切って観察する。幼虫の食物は半分に減った。2頭の幼虫が死に、2頭が羽化した。これは野外で採集した小型のものの半分の大きさしかない。

逆に食物が多くても体が著しく大きくなることはない。ハナムグリの幼虫を3つの集団に分けて餌の量を変えてみる。ふんだんに与えた集団は全部が羽化した。まったく与えない集団は全滅した。わずかに与えた集団は1匹だけ羽化した。それは通常の4分の1の大きさだった。矮小型は栄養不足が生み出すのだ。

◉第10巻13章

▼昆虫の異常型――科学の地平にそびえる〝杖《リトウウス》〟(集)
▼変則(岩)
▼變異(叢)

異常なものは我々の心を不安にする。なぜ通例に反するものがあるのか。センチコガネの幼虫の後脚は縮んで反り、背中に張りついている。タマオシコガネ(スカラベ)の前脚には跗節《ふせつ》がない。植物ではどうか。バラの5枚の萼片《がくへん》はそれぞれ形が異なる。しかしこの無秩序は数学的に説明できる。でもタマオシコガネの跗節は説明がつかない。科学は物事に対し「いかにして」と「なぜ」を永遠に問い続ける対話なのだ。数々の疑問を残したままこの章を終えるにあたり、頁《ページ》中央にト《ぼく》占官《せんかん》の〝杖《リトウウス》〟つまり疑問符《クエスチョンマーク》「?」を突き立てておこう。

◉大地を清浄に保つ昆虫

◉第10巻14章

▼キンイロオサムシ――〝庭師《ジャルディニエール》〟と呼ばれる虫の食物(集)
▼きんいろおさむし――食べもの(岩)
▼黄金甲虫――食物(叢)

ガラスの水槽で25匹のキンイロオサムシを飼育する。マツノギョウレツケムシを与えると次々に襲いかかった。弱者は強者の食物となる。オサムシは害虫から庭を守る〝庭師《ジャルディニエール》〟と呼ばれている。さまざまな蛾《が》(ガ)の幼虫を与える。すべて食べた。しかしオサムシは木に登れないため高いところにいる害虫は駆除できない。地面ではナメクジやミミズも食べる。ハナムグリの成虫には見向きもしない。鞘翅《さやばね》と後翅《こうし》を取り除くとたちまち襲う。カタツムリも無傷なものは襲われない。しかし殻を割ると、たちまち食べられてしまう。

◉第10巻15章

▼キンイロオサムシの結婚――捕食者の繁殖生態(集)
▼きんいろおさむし――婚姻の習わし(岩)
▼黄金甲虫――交尾の習性(叢)

庭でイモムシ、毛虫、ナメクジを食べるキンイロオサムシは〝庭師《ジャルディニエール》〟と呼ばれるにふさわしい。その天敵はキツネとヒキガエルである。ガラスの水槽の中では共食《とも ぐ》いもする。

六月中旬、1匹の雄が食べられた。それから1匹、また1匹と急に数が減ってきた。寿命の尽きたものが食べられるのか。雌が雄を襲っているところを見た。雄は元気そうなのに抵抗しない。

八月になると25匹いたオサムシは5匹の雌だけになる。20匹がいなくなった。期待に反して産卵は見られない。一〇月、4匹の雌が死んだ。生き残った1匹の雌はヴァントゥー山に雪が積もる頃に冬眠に入った。

◉第10巻16章

▼ミヤマクロバエの産卵
——雌が卵を産みつける場所(集)
▼肉のくろばえ——産卵(岩)
▼くろばい——産卵(叢)

ミヤマクロバエは濃紺の大きなハエで家の中に入り込んで人間の食物に卵を産みつける。死んだ小鳥にたかるハエを観察する。喉の内側と、まぶたと眼球の隙間に卵が産みつけられた。小鳥の頭に紙で作ったフードをかぶせてみた。ハエは胸にあった傷口に産卵した。紙を折っただけの袋に小鳥を入れた。ハエは集まるが産卵はしない。肉をブリキ缶に入れて少し蓋をずらす。ハエは缶と蓋の隙間に産卵した。幼虫が通れる隙間があればハエは卵を産むのだ。

試験官に肉を入れて金網で蓋をする。ハイイロニクバエは金網の上から蛆虫《うじむし》を産み落とした。試験管の長さを1・2メートルにすると産まなかった。では、どうすれば被害が防げるのか。食物を完全に包めばそれでよいのだ。

◉第10巻17章

▼ミヤマクロバエの蛆虫《うじむし》
——額《ひたい》の瘤《ヘルニア》で地中から脱出する新成虫《しんせいちゅう》(集)
▼肉のくろばえ——蛆(岩)
▼くろばい——幼虫(叢)

ミヤマクロバエの卵は2日ほどで孵化《ふか》する。幼虫の蛆《うじ》虫《むし》は、口器を杖《つえ》のように前に振り出して移動する。肉に潜り込むと、消化液を吐き出し、肉を溶かして「食

▲ケムシを食べるキンイロオサムシ。

べる」。しかしコオロギやヒキガエルの表皮は溶かすことができなかった。そのため雌は産卵場所をじょうずに選んでいるのだ。ハエが産卵したフクロウの死骸《しがい》の近くから900の蛹《さなぎ》（囲蛹《いよう》）が見つかった。

おそらく1匹の母親のものだろう。蛆虫は蛹になるために土や砂に潜る。羽化して地上に出るときは額《ひたい》の瘤《ヘルニア》を膨らませたり萎《しぼ》ませたりして移動する。どのくらいの深さから地上へ出られるのか。実験では砂の層が厚すぎてハエは脱出できなかった。

◉第10巻18章

▼コマユバチ――ハイイロニクバエの天敵（集）
▼はえ蛆の寄生虫（岩）
▼蛆の寄生虫（叢）

今日食べる立場のものが、明日は食べられる立場に入れ代わる。ハイイロニクバエやミヤマクロバエの蛆虫《うじむし》はエンマムシに食べられる。さらにハイイロニクバエの囲蛹《いよう》の中には小さな幼虫がぎっしり詰まっていた。

八月末に寄生者が囲蛹から脱出してきた。コマユバチの仲間だ。小さなハチは蛆虫の軟らかい皮膚に卵を注入する。飼育装置から採集できたハエの囲蛹には、ハエが羽化したもの、コマユバチが羽化したもの、何も出てこなかったもの、の3つの群《グループ》があった。最後の群《グループ》は、囲蛹の中で蛆虫が死んでいた。寄生バチが産卵した刺し傷から周囲の毒が侵入したのだろうか。

◉『昆虫記』の名随筆

◉第10巻19章

▼幼年時代の思い出——ハシグロヒタキの青い卵（集）
▼幼年時代の思い出（岩）
▼少年時代の追憶（叢）

野山にある虫、小鳥、キノコは、子供にとっての喜びである。美しかった日々。小鳥の巣を見つけ青い卵を手に入れる。それを村の助祭に「母親から盗んではいけない」とたしなめられる。ブナの林でキノコを採る。それを子供ながら大きさや形、色の違うキノコを3つに分類していた。大人になり自分の分類法が正しいことを知る。子供らしい好奇心を養っていた時代よ。

　詩人ホラティウスは「ア、逃ゲ去ル年々《としどし》ハ滑リ行ク」と、書き残した。そして今私はセリニャンでキノコの写生をしている。苦労して描いた大量のキノコの絵は、私が死んだあとどうなってしまうのだろうか。

◉第10巻20章

▼昆虫ときのこ——虫が食べるきのこは安全なのか（集）
▼昆虫と茸類（岩）
▼昆虫と茸（叢）

昆虫とキノコは関係が深い。虫が食べるキノコは人間が食べても安全だという。本当だろうか。虫はキノコを齧《かじ》って食べるものと、溶かして食べるものとがいる。前者はハネカクシで、後者はハエの仲間である。ハエの蛆虫《うじむし》は、人々に「魔王」と恐れられている毒茸《どくきのこ》ウラベニイグチを一日で黒い液体にしてしまった。

　しかし人間にとってご馳走《ちそう》であるタマゴタケには口をつけない。毒の有無にかかわらずテングタケの仲間は食べない。こうした実例を集めても無駄だ。虫の胃袋と人間の胃袋は違うのである。

◉第10巻21章

▼忘れられぬ授業——化学という学問の素晴らしさ（集）

▲ファーブルが水彩画で描いたムラサキイグチ。

▼忘れられぬ授業（岩）
▼忘れられない學課（叢）

私は生涯で2回、科学の授業を受けている。カタツムリの解剖と化学の実験である。前者は私を生物学の世界へ導いてくれた。後者は二酸化マンガンと硫酸から酸素を取り出す実習中に事故が起きた。飛び散った硫酸で同級生は被害を受けたが、私は気転を効かせて友人を失明から救い出した。

その何か月かのち、私はカルパントラの中等学校《コレージュ》の担任になった。生徒たちは将来、自分の畑を耕すであろう。あるいは革なめし、鋳物工、酒の蒸留職人などになるかもしれない。その彼らに化学の知識を授けよう。今度は私自身が酸素を取り出す実験を行う。何ごとにも屈しない強い意志があれば、おのずから道は開かれるのだ。

◉第10巻22章

▼応用化学――さあ働こう！《ラボレームス》（集）
▼応用化学（岩）
▼工業化學（叢）

人生には何が起きても不思議はない。かつて中を覗《のぞ》き見《み》していた実験室で自分が授業を行うとは。私は学者になりたかった。しかし財産がなく断念せざるを得なかった。

自分の好きな学問を応用して金を稼ごう。アカネソウの根から染料を取り出そう。研究中、文部大臣が訪ねてきた。半年後、パリに呼びつけられて勲章が授与され、ナポレオン三世に拝謁《はいえつ》した。しかしパリはたくさんだ。家に帰ろう。

染料を効率良く抽出することに成功した矢先、ドイツで化学染料が発明されたという。夢は崩れ去ってしまった。アカネソウの桶《おけ》から取り出せなかったものを、インク壜《びん》の中から取り出そう。さあ働こう《ラボレームス》！

＊以下の2章はファーブルが第11章のために書いた草稿で、弟子のルグロの手によってまとめられ、完全版の第10巻に付録として掲載された（ここでは集英社版にしたがい便宜的に第10巻23章、24章とした）。

23章で扱われるツチボタルは陸生のホタルでファーブルはその発光を当時の最新技術であるカメラを使って撮影を試みるが、日中の露光でも数十秒かかる当時の乾板の感度では、ホタルの光を撮影することはできなかった。24章のオオモンシロチョウはモンシロチョウの近縁種で日本でも北海道などに定着している。

◉第10巻23章

▼ツチボタル——雌雄《しゆう》で異なる形態（集）
▼つちぼたる（岩）
▼附録　螢（叢）

ツチボタルは腹の先に明かりを灯《とも》す。雄の成虫は甲虫らしい姿だが、雌の成虫は翅《はね》のない幼虫のような姿をしている。ツチボタルの食物はカタツムリだ。食べるまえに獲物に麻酔をかけて動きを封じる。ホタルは大《おお》顎《あご》を広げ、カタツムリを突く。麻酔は電撃的に効く。ホタルは咀嚼《そしゃく》するのではなく、消化液を出してカタツムリの肉をスープのように溶かして食べるのだ。

ホタルの発光を観察する。本の上に置くとほのかな光で文字が読める。ホタルの雌の光は雄を誘う婚礼の誘いである。では雄や卵はなぜ光るのだろうか。この虫の物理学の謎は永遠にわからないのかもしれない。

▲オオモンシロチョウ。日本では北海道の一部に帰化している。

◉第10巻24章

▼キャベツのアオムシ
——栽培植物とチョウとその天敵（集）
▼キャベツの青虫（岩）
▼附録　玉菜の毛虫（叢）

キャベツは人間が野生の植物から作り上げた作品である。オオモンシロチョウの幼虫アオムシは、キャベツの葉を食い荒らす。この虫は畑でキャベツが栽培されるようになるまえは何を食べていたのか。さまざまな植物で飼育してみる。アブラナ科であればすべて受け入れた。親のチョウはどうやって産卵する植物を選んでいるのか。本能が誤ることはない。

アオムシの成長を観察する。一一月の終わり、アオムシたちはキャベツを去り、蛹《さなぎ》になった。次はキャベツ畑の小さな番人コマユバチを観察しよう。ハチの幼虫はアオムシの体内に寄生する。アオムシが蛹になる直前に、ハチの幼虫は体内から脱出して繭《まゆ》を紡《つむ》ぐ。繭の数は20～60であった。チョウの子孫を根絶するハチの、なんとすさまじい働きであろう。

◉コラム　ファーブルの好きな言葉 ③　『昆虫記』に引用されている名言

ワレ発見セリ。

第8巻17章「コブスジコガネ」

アルキメデスが固体を液体に入れると、あふれた液体の重さだけ固体が浮力を得るということ（アルキメデスの原理）を発見したときに叫んだという言葉。ギリシア語ではヘウレカ、英語ではユアリーカ（ユリイカ）。コブスジコガネが食べる毛の交じった糞塊から、キンイロオサムシの翅鞘《ししょう》を見つけ、その糞《ふん》が狐《きつね》のものであることを突き止めたときにファーブルが心のなかで叫んだ言葉。引用はギリシア語。

神ハ永遠ニ幾何学スル。

第8巻18章「昆虫の幾何学」

プラトンが言ったとされる言葉。プルタルコスの『食卓歓談集』が出典とされる。カタツムリの殻の螺旋勾配《らせんこうばい》やスズメバチの巣の育房《いくぼう》の正確な六角柱など、ファーブルは、あらゆる自然の姿を解く鍵は数学にあると考えていた。引用はギリシア語。

強者の理屈はいつでも正しい。

第9巻12章「コガネグモの財産」

ラ・フォーンテーヌの『寓話《ぐうわ》』「狼と子羊」にある言葉。クモの網《あみ》（巣）に他個体を侵入させる実験で、網の持ち主より、侵入者が強ければ、網は奪われてしまうという場面で引用される。弱い子羊は狼に無体に掠《さら》われ、食べられてしまう。

一対一の闘いだ。
第9巻13章「数学の思い出」

バルザックの『ゴリオ爺さん』の主人公ラスティニャックが物語の最後の場面で復讐を誓う有名な台詞。ファーブルは代数を独学するために、こっそり同僚教師の本棚《ほんだな》から本を借り出した。その本と「一対一の対決」をしながら、ニュートンの二項定理を理解しようとする。やがてうっすらと定理が理解できはじめる。

一切ノ希望ヲ捨テヨ。
第10巻4章「ミノタウロスセンチコガネの美徳」

ダンテの『神曲』地獄篇第三歌に出てくる地獄の門に書かれている言葉。ファーブルは自分が解明しようとする生命の謎に、近づいても近づいても到達できない空しさを嘆いている。原文はイタリア語（トスカーナ語）で引用されている。

さあ働《ラボレームス》こう！
第10巻22章「応用化学」

ローマ皇帝セプティミウス・セウェルスが遠征に明け暮れた生涯の、最期に残したとされる言葉。ファーブルが教師生活の傍らアカネソウから染料を取り出す研究をし、その特許で生活を立てようとしていた。色素の抽出に成功するも、直後にドイツで化学染料が発明されてしまい、その夢は破れてしまう。気を取り直して文筆で生活していこうというファーブルの決意の表明。この後に（了）と書かれ、『昆虫記』10巻は終わっている。いわば『昆虫記』掉尾《とうび》の言葉。引用はラテン語。

荒地《アルマス》の屋敷。研究室はこの奥にあり死角で見えない。真夏の強い日差しが濃い影を作る。

●第5章

『昆虫記』の楽しみ方

墓碑銘

●家族の死、そして……

一八九三年、晩年をファーブルのところへ身を寄せていた父が92歳で亡くなる。

一九一二年、再婚した妻ジョセフィーヌ没。体力が衰えファーブルは自分で歩けなくなる。一九一五年五月、担いだ椅子に乗せられて荒地《アルマス》を一周する。一〇月一一日に91歳で没する。一二月二一日の誕生日（92歳）を目前にした旅立ちであった。息子たちは第一次世界大戦に出征中。三女のアグラエと看護婦のアドリエンヌに看取《みと》られた。老衰と尿毒症が死因だとされる。

●死は終わりではない

ファーブル家の墓は、セリニャンの村から500メートル離れたところにある。簡素な作りの墓で、正面にJ.H. FABREと刻まれ、十字架はない。右側面にはMINIME《ミニメー》 FINIS《フィーニス》 SED《セド》 LIMEN《リーメン》 VITÆ《ウィータエ》 EXCELSIORIS《エクスケルシオーリス》「死は終わりではない、より高貴な生への入り口である」とあり、左側面にはOVOS（QVOS《クオース》） PERIISSE《ペリイッセ》 PVTAMVS《プタームス》 PRÆMISSI《プラエミッシー》 SVNT《スント》「我々が死んだと思っている人たちは、我々より先に遣わされているのだ」と掘られてある。これはローマの政治家で劇作家のセネカの『倫理書簡集』にある言葉で、人称代名詞を複数形にして使っている。掘られているOVOSは、QVOSを職人が間違えたものと思われる（南條竹則氏のご教示）。

人文主義《ユマニスム》に強い影響を受けていたファーブルがこの言葉を墓碑銘に選んだのは、未知の世界へのおおらかな期待があったからではないだろうか。

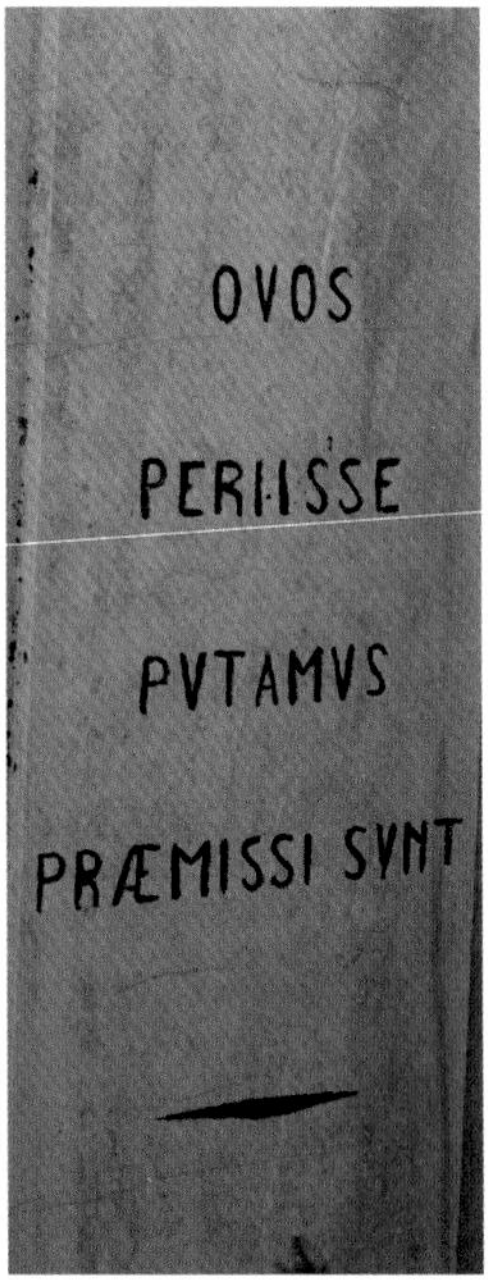
OVOS
PERIISSE
PVTAMVS
PRÆMISSI SVNT

▲ファーブルの墓▼

『昆虫記』の楽しみ方

◉『昆虫記』の真髄を読む

前章に紹介したように『昆虫記』は約30年をかけて全10巻221章にまとめられた大著である。日本語への翻訳としては古い順に叢文閣版、岩波書店版、集英社版がある。いずれも完全版が底本になっているが、集英社版にはポールの撮影した写真が掲載されていない。そのかわり精緻な図版と註が付されている。

訳文としてみると叢文閣版は大正時代の正調日本語、岩波書店版は原文に忠実な逐語訳《ちくごやく》、集英社版は音読しても理解できる日本語であることが特徴だ。

いずれの版を読むにしても読書のコツは、通読しようとしないことである。そして気にいった章があれば、訳を変えて楽しんでみてほしい。

第1巻は当時、ファーブル自身がいちばん興味のあった狩《か》りバチから始めずに、人気のあるタマオシコガネ（スカラベ）から書き始めている。これは、まず多くの読者を獲得したいというファーブルの願いであろう。しかし、そのタマオシコガネの生態の全容が明らかになるのは、その18年後の第5巻においてである。

第10巻が出た一九〇七年から100年以上あとの読者である我々は、ファーブルの書き継いだ30年を自在に往き来して読書を楽しむことができる。タマオシコガネなら、第1巻1章、2章を読んで、第5巻2章から5章と読み継げば、その全貌が明らかになる。さらに第5巻6章から12章を読んでタマオシコガネ以外の糞虫《ふんちゅう》を知り、続いて第6巻1章のアシナガタマオシコガネ、2章のダイコクコガネ類、5章と6章の南米の糞虫、第10巻1章から4章までのミノタウロスセンチコガネ、そして7章と8章のエンマコガネ類を読めば『昆虫記』糞虫コースを読破したことになる。同様に狩《か》りバチや、巣作りというふうに章タイトルで予想をつけながら読んでいくと楽しい。

虫の出てこない『昆虫記』もある。第1巻13章「ヴァ

▲叢文閣版『昆蟲記』第１巻。大杉榮が翻訳した。

ントゥー山に登る」、第2巻8章「わが家の猫の物語り」などだ。さらに第9巻13章の「ニュートンの二項定理」、14章の「小さな机の思い出」、第10巻19章「幼年時代の思い出」、21章「忘れられぬ授業」などがおすすめで、これらは80歳をすぎたファーブルが振り返る幼年期から青年期を懐古する名エッセイである。虫の出てこない『昆虫記』もファーブルの読み物の楽しみだ。教師としてのファーブルの顔を知るには、第1巻20章「ヌリハナバチの巣造り」などがある。

第3章でも触れたように『昆虫記』の主題である本能については、帰巣本能《きそうほんのう》や雌を探す雄の能力、巣作りの手順などについて、虫の種《しゅ》を超えて『昆虫記』全体に通奏低音のように響いている。そこに注目して読書をする楽しみもある。またファーブルは「脱出」に興味があるようで、虫の幼虫が巣の中で成虫になり、そこからどうやって出てくるのかが気になるらしい。それは、第2巻13章のツツハナバチのように筒の中の巣には兄弟姉妹が並んでいるので、先に成虫に羽化した個体はどうするのか、という問題であったり、土中から脱出するセミの幼虫（第5巻14章）であったり、木の幹から脱出するカミキリムシ（第4巻17章）やキバチ（第18章）などであったりする。
ファーブルと当時の科学者との関係を知りたければ、ダーウィンなら第2巻7章、パスツールなら第9巻23章を読んでみてほしい。

●『昆虫記』の副読本

『昆虫記』を読むにあたって参考になる本は、まず『ファーブル巡礼』（津田正夫）が挙げられる。著者は一九七三年と七五年にファーブルゆかりの地を訪ね克明な記録を残している。一九七六年に朝日ソノラマから刊行され、同年銀座では著者や矢島稔らによってファーブル友の会が発足、銀座で展示会が開かれた。昭和天皇も見学されて話題となった。二〇〇七年には奥本大三郎監修として新潮選書から新版が出ている。

ファーブル自身による科学啓蒙書《けいもうしょ》もアルスの「ファーブル科学知識叢書」全13巻や、岩波書店の「ファーブル博物記」全6巻があるが、『薪の話』を翻訳した『ファーブル植物記』（日高敏隆、林瑞枝訳／平凡社ライブラリー〈上・下〉が入手しやすい。

また平野威馬雄がルグロが書いた伝記を訳した『ファーブルの生涯』（ちくま文庫）があり、同書は『ファーブル伝』（奥本大三郎訳／集英社）としても刊行されている。ファーブルと交友のあったヘンリイ・パイク・ブイを父にもち、『昆虫記』の最初の翻訳者である大杉榮と交友のあった平野威馬雄は、『昆虫記』からファーブルの言葉を選び出し『虫と自然を愛するファーブルの言葉』（興陽館）をまとめている。

ファーブルが『昆虫記』で残した宿題を受け継いだのは岩田久二雄（一九〇六—九四）で『ハチの生活』（岩波書店）を著している。本書では狩《か》りバチの獲物はもともと固定化したものではなく、実際には狩りやすい（数の多い）獲物を捕っていただけで、ハチの分布が変われば、それも変化するであろう。したがって獲物が特定のものに決まっていくのは狩りバチの歴史のなかでは後の時代のことであろうと説明している。また岩田の弟子である坂上昭一（一九二七—九六）も『ハチの家族と社会——カースト社会の母と娘』（中公新書）ではファーブルのコハナバチの研究を引き継いでいる。両書とも間違いは間違いとして指摘し、それでもそれぞれの本全体にはファーブルへの尊敬があふれている。

●『昆虫記』を実践する

▲ポールが撮影したタマオシコガネの梨球《なしだま》の再現写真。左上は卵の位置を示す。

岩田や坂上のように『昆虫記』に影響を受けて生物学や昆虫学の道へ進んだ人も多い。専門でなくとも『昆虫記』を読むことで虫や自然の面白さに興味をもつ人も多いだろう。虫はもっとも身近な生き物で、少し探せば何かが見つかる。ファーブルが観察していた虫はすべて身近なものであった。遠い外国や、めったに見られない虫ではない。ファーブルが暮らしていた南仏は日本でいえば北海道あたりの緯度にあたる。日本列島全体でみれば、南仏よりも多くの虫が住んでいるはずだ。どんな虫でも、しばらく観察していると不思議に思うことが出てくる。そのヒントは『昆虫記』のあちこちに書いてある。

虫の種類ではなく、その虫が何をしているか、である。虫に興味をもつ多くの人がインターネットに写真を掲載している。それもヒントになるだろう。一枚の写真でも、その虫がいつ何をしているところなのか。どうして、そんなところにいるのかを知ることは大切なことだ。その記録のためにもデジタルカメラやスマートフォンのカメラは便利な道具になる。『昆虫記』を通じてファーブルが知りたかった虫の本能について、身近にいる虫に聞いてみてほしい。

ファーブルの宿題

◉『昆虫記』はもう古いのか？

二〇二三年はファーブル生誕200年にあたる。『昆虫記』の第1巻の刊行は一八七九年であるから、その観察は150年ほど昔の話ということになる。遺伝のしくみも、フェロモンの働きも、まだ未解明だった。ファーブルの観察もノートとペン、虫眼鏡と柄つき針、移植ごてくらいで、飼育装置も自作のものか植木鉢、蝿帳《はいちょう》（ハエよけの金網）などを利用したものだった。そもそも家に電気が通っていない時代なので、夜間の観察は蠟燭《ろうそく》やランタンの明かりしかなかった。

そんな時代の観察が、現代に役に立つのだろうか？昆虫の研究はファーブル以降に進んだ分野も多い。しかしファーブルの疑問が、そのまま残されている分野もある。自分の目で見たことしか信じないファーブルが書いた『昆虫記』。その読者には、まだ自然観察のヒント、つまりファーブルの宿題が残されているのだ。

◉ファーブルの方法

ファーブルは昆虫の行動について、本に書かれたこと、他人が言っていることをそのまま信じなかった。「（略）実験こそは、本能の性質について、多少なりとも光を投げかけてくれる唯一の方法なのである。虫の心理的な能力を研究して成果をあげようと思えば、観察に都合のよい状況が偶然生じるのを、上手に利用するだけでは充分ではない。別の状況を派生させ、できるだけそれに変化をつけて、それぞれを突き合わせてみることが必要である。つまり実験をするのは、事実というしっかりした基盤を科学に与えるためなのである」（第1巻21章）。

ファーブルの実験とは昆虫の行動を、邪魔をする、混乱させる、AとBを選択させるなどの方法だ。人工的な状況を昆虫に与えて、その能力の深さ、あるいはその限界を知ろうとするのである。

タマオシコガネ（スカラベ）が転がしている糞球《ふんきゅう》を地面にピンで突き刺し、転がらないように邪魔をする（第1巻1章）。あるいはモンシデムシがモグラやネズミの死骸《しがい》を地面に埋めるのを順を追って9通りの方法で邪魔をする（第6巻8章）。このような実験でファーブルは、昆虫が、理屈ではなく無意識的な本能に導かれて行動していることを証明しようとする。昆虫は具《そな》わった範囲の行動をとるにすぎない。一見、理性的（目的解決的）に行動しているように見えるが、それは偶然で、観察者による擬人化を警戒する。

「昆虫の行動は、目的に到達するために、実にみごとに組み立てられているけれど、それがその真の意味についてで、われわれに誤ったことを信じさせ、われわれはその一連の行動の中に、人間の理論をもちこんで一種の思いこみをすることがある。（略）動物学にはもっと高い目標がある。そしてこの学問が、生命に関するなんらかの問題について動物にたずねるとき、訊問の具体的な手段となるのが実験なのだ」（第4巻3章）。

そして昆虫の感覚と人間の感覚の違いについては、「昆虫はその仕事と調和のとれた、きわめて鋭敏な感覚をもっている。その能力は、われわれ人間には、それに似たものが何もないので、どういうものなのか想像すらできないものである。（略）疑問が限りなく湧いてくるけれど、それに答えることはできないのだ」（第5巻7章）と述べている。

◉本能について再考する

ファーブルは昆虫の行動は、すべて本能が司《つかさど》っていると考えていた。例外として本能を補足する知能や予備の能力（識別力）などは想定している。しかし類推する能力はないと考える。「思考推測する能力raisonと知能intelligenceとを、どうか混同しないでもらいたいものである。みんなあまりにもこの二つを混同しすぎている。私は昆虫に思考力はないと思うのだ。そして程度は低いけれど、知能のほうは絶対あると思っている」（第3巻12章）と述べている。

「経験は昆虫に何も教えない。時間もこの無意識の闇の中に、何の晴れ間ももたらさない。昆虫の技術は、その専門とするところでは完璧であるが、ほんの少しでも未知の困難と出会うと無力となる。（略）無意識な衝動が昆虫をうながし、ある行動から第二の行動へ、第二の行動から第三の行動へ……というふうに仕事が完成するまで続けさせていく。何か事故が起こってその行動の流れをさかのぼる必要性が生じ、そしてそれがいかに緊急のものであっても、それはできない」(第4巻3章)。ファーブルは、巣作りや繭《まゆ》作《づく》りなど、昆虫の連続した見事な行動は、不可逆《ふかぎゃく》で、一度終えた作業は、途中で事故が起こっても、ふたたび元に戻って行うことはできないということを繰り返し述べる。本能の素晴らしさと、愚《おろ》かさを両面から説明するのだ。

●なぜ進化論を認めないのか

「理論体系をしっかりしたものにするためには、用心深くそのどちらも聞かないほうがいいだろう。事実について『どのようにして』と『なぜ』ということが、われわれにはわかっていないのである。法則、などともったいぶった名をつけているものは、頭で考えられた、ひとつのものの見方にすぎない。それも非常に偏《かたよ》った見方であって、こちらの必要性から、それと適当に折り合いをつけているにすぎないのだ」(第3巻5章)。ファーブルの愛読していた作家のアルフォンス・トゥースネルは、博物学者に「アヒルの雄はなぜ、尻尾の先に、くるりと巻いた小さな羽根を持っているのか」(第3巻4章)と意地の悪い質問をしている。生物の形態にはすべて「理由」がある(進化がそれを選んだ)という考え方への皮肉である。

ファーブルが進化論を目の敵《かたき》にするは、生物の行動や形態がすべて統一的に説明できる、とするからである。すくなくとも彼自身は、自分の目で統一理論では整理がつかない事実を見ていると信じている。その当否はともかく、今でも多くの人は、例外や理論に収まりきれない事例は、無視したり捨てたりしてしまう。ファーブルは、人間の考えですべて昆虫のことが説明できるという考え方に疑問を呈する。そしてソクラテスを引いて「私がもっともよく知っていることは、自分が何も知らぬということである」(第3巻4章)と述べている。

新発見のヒントは、そのような例外のなかにこそあって、ファーブルが『昆虫記』で述べているさまざまな観察は、今あらためて読みなおしてみると、気が付く人にとっては、新しい研究の種《たね》が見つかるはずだ。

●今なら解けるか？　ファーブルの疑問

ファーブルの時代にはわからなかったことが、現在の科学の手法なら、解決できそうなことがいくつもある。昆虫のことなので、真剣に考える人が少ないだけで、もったいないことだ。

たとえばファーブルは、エンマコガネの蛹《さなぎ》に一本の角《つの》が生えていることに気づいた。「なんと蛹の前胸《ぜんきょう》に角があるとは！　しかしどんなエンマコガネの成虫にも、そんな角などないのだ！」（第5巻9章・第10巻8章でも再び触れる）。この成虫になると消える角は、変態の過程で遺伝子（発生制御遺伝子）が関与する現象だろう。今なら進化生物発生学《エボデボ》で解明できるはずだ。

「うーん」と唸ってしまうのは擬死《ぎし》、つまり昆虫の死んだふりについての素直な疑問だ。ファーブルは昆虫が死を知っているのかと問う「未知のことは真似られないし、知らないことは偽《いつわ》れないものだ。（略）死という、我々には気になってしかたがない問題に、（虫は）その素朴な頭を悩ませているのだろうか」（第7巻3章）と。ファーブルはさまざまな実験を行い、それは単に気絶しているだけで、死とは関係がないと結論する。気絶でも結果的には生き残る可能性はあり、ほとんどの人にはどうでも良い問題だが、ファーブル・ファンなら大いに膝を打つところだ。「虫に聞いてみる」本質とは、こんなところにある。今なら気絶するメカニズムについて解明する方法があるはずだ。

◉誰でもできるファーブル流の観察

生きている昆虫の行動や生態を観察する学問は、行動学と呼ばれる。ファーブルの時代はまだ珍しい学問で、彼はその草分けとなった。標本は死んでいるので形態の比較には役立つが、行動や生態を知ることはできない。ただし自然のなかで昆虫をずっと観察し続けることは骨が折れるので、飼育による観察が行われる。これもファーブルの得意とするところで『昆虫記』の記述には今も参考になる点が多い（ときどきある失敗も含めてだが）。

ファーブルの弟子になるのなら、虫を見つける「目」、虫がいる場所を知る知識があればいい。アマゾンやアフリカの熱帯雨林に出かけなくても、庭や公園にいる身近な昆虫が、いろいろなことを教えてくれる。

独学者ファーブルの座右の銘をあげておこう。「私はあのダランベールが年若い数学者たちに与えた忠告を教えとして守るのであった。偉大な幾何学者は言っている。『信念を持て。前進するのだ』」（第9巻14章）。

◉『昆虫記』全章リスト（集英社版）

第1巻	序	
第1巻1章	スカラベ・サクレ	五月、レ・ザングルの丘で
第1巻2章	スカラベ・サクレの飼育	卵はいつ糞球に産みつけられるのか
第1巻3章	タマムシツチスガリ	タマムシの狩人と腐敗しない死体
第1巻4章	コブツチスガリ	なぜ決まった獲物だけを狩るのか
第1巻5章	コブツチスガリの狩り	解剖学を心得た殺し屋
第1巻6章	キバネアナバチ	空き巣ねらいとの戦い
第1巻7章	キバネアナバチの狩り	暗殺者は三回刺す
第1巻8章	キバネアナバチの幼虫	卵は安全な位置に産みつけられる
第1巻9章	アナバチたちの獲物	高等なる学説、進化論に対する批判
第1巻10章	ラングドックアナバチ	野外観察の難しさ
第1巻11章	ラングドックアナバチの狩り	本能の賢さ
第1巻12章	アナバチ類の獲物の収納	本能の愚かさ
第1巻13章	ヴァントゥー山に登る	植物学者の楽園
第1巻14章	アラメジガバチの越冬	虫の移住
第1巻15章	ジガバチ類	狩りと帰巣
第1巻16章	ハナダカバチ	酷暑のイサールの森で
第1巻17章	ハナダカバチの狩り	アブやハエを空中で仕留める
第1巻18章	ハナダカバチに寄生する者	ハエ狩りのハチが恐れるハエ
第1巻19章	巣に帰るハナダカバチの能力	未知の土地でも迷わない理由を探る
第1巻20章	ヌリハナバチの巣造り	泥の壺に蓄えた花粉と蜜
第1巻21章	ヌリハナバチの実験	背中に印をつけて放つ
第1巻22章	ヌリハナバチの奇妙な論理	始めた仕事は中断できない
第1巻巻末	付記	
第2巻巻頭	息子ジュールへ	〈献辞〉エミール・ブランシャール
第2巻1章	アルマス	念願の地、観察の本拠を手に入れる
第2巻2章	アラメジガバチの麻酔術	獲物を与えて観察する
第2巻3章	アラメジガバチの未知の感覚	地中のヨトウムシを探す
第2巻4章	アラメジガバチの本能	鮮やかな狩りを司るものは何か
第2巻5章	トックリバチの巣造り	美術品のような泥の壺
第2巻6章	ドロバチの巣穴	幼虫の食堂と獲物の貯蔵庫
第2巻7章	ナヤノヌリハナバチの新しい研究	方向感覚の実験についてのダーウィンの提案
第2巻8章	わが家の猫の物語	猫のすぐれた帰巣本能
第2巻9章	アカサムライアリの帰巣能力	頼りになるのは、視覚か嗅覚か
第2巻10章	昆虫の心理についての短い覚え書き	本能は類推する力をもたない
第2巻11章	ナルボンヌコモリグモ	毒牙で獲物を一撃する
第2巻12章	ベッコウバチ	クモを捕らえる狩りバチ
第2巻13章	キイチゴに住むミツバツツハナバチ	巣からの脱出の順序
第2巻14章	スジハナバチヤドリゲンセイ	スジハナバチに寄生する甲虫
第2巻15章	スジハナバチヤドリゲンセイの幼虫	ハチの巣にたどり着くまで
第2巻16章	ツチハンミョウ	花で宿主を待ち伏せる
第2巻17章	ツチハンミョウの過変態	次々に起きる思いもよらない変身
第3巻1章	ツチバチの狩り	地中で獲物を追いかける
第3巻2章	ツチバチ幼虫の危険な食事	獲物を殺さずに食べ進む
第3巻3章	ツチバチの繭	狩られるものたちの生理と生態
第3巻4章	ツチバチの狩りの困難さ	どうやって土の中で獲物に麻酔をかけるのか
第3巻5章	寄生者と狩人	壮大な略奪行為
第3巻6章	巣の乗っ取りと寄生の起源	寄生バチとヌリハナバチ
第3巻7章	ヌリハナバチと寄生者	自分で巣を造るもの、他人の巣を使うもの

第3巻8章	ホシツリアブ	ヌリハナバチに寄生するもの
第3巻9章	シリアゲコバチ	腹部に、複雑に収納された長い産卵管
第3巻10章	オナガコバチ	泥の巣に産卵管を深く刺し込む寄生バチ
第3巻11章	ホシツリアブの幼虫	成長段階で二つの型をもつ幼虫の暮らし
第3巻12章	トガリアナバチ	カマキリを獲物とする狩りバチ
第3巻13章	クシヒゲゲンセイ	幼虫が捕食性のツチハンミョウの仲間
第3巻14章	食物の変更	代用食で虫を飼う
第3巻15章	進化論への一刺し	狩りバチの獲物と適応力
第3巻16章	蓄える食物の量に、なぜ差があるのか	雌バチには産む卵の性別がわかるのか
第3巻17章	ツツハナバチ	小部屋の大きさはどのように決まるのか
第3巻18章	ツツハナバチの小部屋	雌雄の卵が産みつけられる順番
第3巻19章	ツツハナバチの産卵	卵の性を産み分ける雌
第3巻20章	ツツハナバチの卵	雌雄の産み分けは、なぜ起こるのか
第4巻1章	キゴシジガバチ	煖炉に造られる泥の巣
第4巻2章	ヒメベッコウ	クモの狩人
第4巻3章	無分別な本能	昆虫に理性はあるのか
第4巻4章	ツバメとスズメ	人家に巣を造る鳥と虫
第4巻5章	識別する力と本能	獲物や巣の材料を変更する能力
第4巻6章	最小の労力で仕事をする	力を節約するもう一つの能力
第4巻7章	ハキリバチ	融通のきかない巣造りと臨機応変の材料選び
第4巻8章	モンハナバチ	植物の綿毛を集めて小部屋を造る
第4巻9章	樹脂で巣を造るモンハナバチ	形態は行動を決定しない
第4巻10章	ドロバチの狩り	筒状の空間を利用して巣を造る狩りバチ
第4巻11章	ミツバチハナスガリ	ミツバチの暗殺者
第4巻12章	ジガバチの狩りの方法	獲物が異なっても変わらない麻酔術
第4巻13章	ツチバチの狩りの方法	獲物の弱点を一撃する
第4巻14章	ベッコウバチの狩りの方法	クモの毒牙を無力化する
第4巻15章	私への反論と、それへの返答	狩りバチの本能についてのまとめ
第4巻16章	ハナバチの毒	ミツバチの毒を使った実験
第4巻17章	カミキリムシ	木の幹に住む幼虫
第4巻18章	キバチ	樹木に卵を産むハチ
第5巻	はじめに	
第5巻1章	スカラベの糞球	糞球はどのようにして造られるのか
第5巻2章	スカラベの梨球	育児用の糞球
第5巻3章	スカラベの梨球造り	梨球の首に造られる孵化室
第5巻4章	スカラベの幼虫	糞を使って梨球を修理する
第5巻5章	スカラベの羽化	雨を待って梨球を脱出する
第5巻6章	オオクビタマオシコガネとヒラタタマオシコガネ	スカラベの近縁種の糞球
第5巻7章	イスパニアダイコクコガネ	卵のためだけに造られる糞球
第5巻8章	イスパニアダイコクコガネの子育て	羽化するまで糞球の世話を続ける母親
第5巻9章	エンマコガネとヒメテナガダイコクコガネ	糞虫の角は何の役に立っているのか
第5巻10章	センチコガネ	地上の衛生を守るもの
第5巻11章	センチコガネの巣造り	夫婦で糞を巣に運び込む
第5巻12章	センチコガネの幼虫	地中での冬越し
第5巻13章	セミとアリの寓話	セミに対する誤解
第5巻14章	セミの幼虫	地中の巣穴からの脱出
第5巻15章	セミの羽化	地上での変態
第5巻16章	セミの鳴き声	何のためにセミは歌うのか
第5巻17章	セミの産卵	小枝で孵化した幼虫が地中に潜る
第5巻18章	カマキリ	拝み虫の狩り
第5巻19章	カマキリの恋愛	命がけの交尾

第5巻20章	カマキリの巣	泡で卵を包んだ卵嚢
第5巻21章	カマキリの孵化	どんどん減っていく幼虫
第5巻22章	クシヒゲカマキリ	“小悪魔”と呼ばれる奇怪な虫
第6巻1章	アシナガタマオシコガネ	父親の本能
第6巻2章	ツキガタダイコクコガネとヤギュウヒラタダイコクコガネ	父親が子育てを手伝う糞虫
第6巻3章	私の家系	幼い観察者
第6巻4章	私の学校	博物学への憧憬
第6巻5章	大草原（パンパ）の糞虫	遠い外国の虫とフランスの虫
第6巻6章	虫の色彩	体色は何に由来するのか
第6巻7章	モンシデムシ	幼虫の食物として死体を埋葬する虫
第6巻8章	モンシデムシの実験	埋葬の方法を観察する
第6巻9章	カオジロキリギリス	繁殖で見られる奇妙な習性
第6巻10章	カオジロキリギリスの産卵と孵化	地中から脱出する幼虫
第6巻11章	カオジロキリギリスの鳴き声	音を出す翅の構造
第6巻12章	アオヤブキリ	キリギリスの仲間の肉食と奇妙な受精法
第6巻13章	イナカコオロギ	巣穴と幼虫の孵化
第6巻14章	イナカコオロギの歌	コオロギの仲間の発音と交尾
第6巻15章	バッタ	野原での役割と、その鳴き声
第6巻16章	バッタの産卵	地中に産みつけられる卵鞘
第6巻17章	バッタの羽化	小さな虫の完璧さ
第6巻18章	マツノギョウレツケムシ	真珠のような卵と幼虫の孵化
第6巻19章	マツノギョウレツケムシの巣	理想的な共同生活
第6巻20章	マツノギョウレツケムシの行進	植木鉢の縁を回り続ける行列
第6巻21章	マツノギョウレツケムシの天気予報	天候の急変を予感する毛虫
第6巻22章	マツノギョウレツケムシの羽化	地中で蛹になり、地表で翅を伸ばす
第6巻23章	マツノギョウレツケムシの刺毛	毒を抽出して皮膚に塗る
第6巻24章	ヤマモモモドキにつく毛虫	毒の効き方になぜ差があるのか
第6巻25章	昆虫の毒	毒の由来とその意味
第7巻1章	オオヒョウタンゴミムシ	死んだふりをする殺戮者
第7巻2章	オオヒョウタンゴミムシの擬死	死んだふりをする虫、しない虫
第7巻3章	催眠と自殺	虫は死を知っているのか
第7巻4章	石の中に眠るゾウムシ	南仏の古銭と昆虫の化石
第7巻5章	ホシゴボウゾウムシ	ルリタマアザミの住人
第7巻6章	クマゴボウゾウムシ	チャボアザミの住人
第7巻7章	幼虫の食物を知る本能	自分では食べない食物を準備する
第7巻8章	カシシギゾウムシ	卵がどうしてドングリの底に届くのか
第7巻9章	ハシバミシギゾウムシ	実の中で育ち、地中で羽化する
第7巻10章	ポプラハマキチョッキリ	幼虫の食物であり住まいでもある葉巻を造る
第7巻11章	ブドウチョッキリ	地中で春を待つ生きた宝石
第7巻12章	オトシブミ	そのほかの葉巻職人
第7巻13章	トゲモモチョッキリ	井戸の底の不思議な煙突
第7巻14章	クビナガハムシ	糞かつぎの幼虫
第7巻15章	クビナガハムシと寄生者	習性は発達するのか
第7巻16章	アワフキムシ	風の神アイオロスの虫
第7巻17章	ヨツボシナガツツハムシ	土の壺を裏返す
第7巻18章	ヨツボシナガツツハムシの卵の鞘	親から受け継いだ糞の家
第7巻19章	アヒルの沼の思い出	水中の驚異の世界
第7巻20章	トビケラの幼虫	水中で鞘のような巣を造る
第7巻21章	ミノムシ	鞘の中で雄を待つミノガの雌
第7巻22章	ミノムシの鞘	ミノガの幼虫の蓑造り
第7巻23章	オオクジャクヤママユ	雄を呼ぶ知らせの発散物

第7巻24章	チャオビカレハ	雌の残り香に集まる雄
第7巻25章	昆虫の嗅覚	ムネアカセンチコガネとトリュフ
第8巻1章	ハナムグリ	“親よりも先に生まれる子供”の謎
第8巻2章	エンドウゾウムシ	自然界の収税吏
第8巻3章	エンドウゾウムシの幼虫	豆の大きさと幼虫の数
第8巻4章	インゲンマメゾウムシ	外来の虫の災厄
第8巻5章	カメムシ	厳重な卵の蓋をはずす巧妙な仕掛け
第8巻6章	セアカクロサシガメ	肉食のカメムシ
第8巻7章	コハナバチ	巣穴に侵入する寄生バエ
第8巻8章	コハナバチの門番	巣穴の入口を守るハチの役割
第8巻9章	コハナバチの繁殖	雌のみの世代と雌雄両性の世代
第8巻10章	ワタムシ	テレビントにできる虫癭（むしこぶ）
第8巻11章	ワタムシの移住	虫癭（むしこぶ）からの旅立ち
第8巻12章	ワタムシの繁殖	単為生殖と有性生殖
第8巻13章	ワタムシの天敵	肉食の虫を養う食草の虫たち
第8巻14章	キンバエ	肉をスープにして飲む蛆虫（うじむし）
第8巻15章	ニクバエ	光を嫌う蛆虫（うじむし）
第8巻16章	エンマムシとカツオブシムシ	ハエの蛆虫（うじむし）を間引くもの
第8巻17章	コブスジコガネ	獣糞中の未消化の毛を食べる虫
第8巻18章	昆虫の幾何学	ハチの巣造りの完璧さ
第8巻19章	スズメバチ	地下に造られる木の繊維（パルプ）の巣
第8巻20章	スズメバチの巣	三万の住民が住んだ跡
第8巻21章	ベッコウハナアブ	なぜスズメバチに擬態する必要があるのか？
第8巻22章	ナガコガネグモ	三種の糸で造られた卵嚢（らんのう）の見事さ
第8巻23章	ナルボンヌコモリグモ	卵を入れた袋を尻にぶら下げて運ぶ
第9巻1章	ナルボンヌコモリグモ	どうやって地面に巣穴を掘るのか
第9巻2章	ナルボンヌコモリグモの家族	母親の背中に乗る子グモの群れ
第9巻3章	ナルボンヌコモリグモの木登り	子グモに突然現われ、消える本能
第9巻4章	クモの旅立ち	ナガコガネグモの分散
第9巻5章	シロアズチグモ	カニに似たクモ
第9巻6章	コガネグモの仲間	巣の網（あみ）の張り方
第9巻7章	コガネグモの網（あみ）	クモの巣が壊れたらどうするのか
第9巻8章	コガネグモの粘着性の糸	なぜ自分は罠（わな）にかからないのか
第9巻9章	コガネグモの電信線	網（あみ）にかかった獲物の存在を知る方法
第9巻10章	コガネグモの幾何学	糸で紡（つむ）がれる対数螺旋（たいすうらせん）
第9巻11章	コガネグモの番（つがい）	雌雄（しゆう）の出会いと狩り
第9巻12章	コガネグモの財産	網（あみ）を交換する実験
第9巻13章	数学の思い出	ニュートンの二項定理
第9巻14章	小さな机の思い出	数学を学んだ伴侶
第9巻15章	イナヅマクサグモ	草むらに張られる迷宮（ラビリンス）状の糸
第9巻16章	クロトヒラタグモ	石の裏に絹の巣を紡（つむ）ぐ織姫（おりひめ）
第9巻17章	ラングドックサソリ	サソリの飼育
第9巻18章	ラングドックサソリの食物	大食と断食
第9巻19章	ラングドックサソリの毒	毒が効く虫と効かない虫
第9巻20章	ラングドックサソリの毒の効き目	獲物によって毒への耐性（たいせい）が異なるのはなぜか
第9巻21章	ラングドックサソリの恋	雌雄（しゆう）の出会い
第9巻22章	ラングドックサソリの結婚	恋人たちのそぞろ歩き
第9巻23章	ラングドックサソリの家族	母親の背中に乗る子供
第9巻24章	ハカマカイガラムシ	体の中に子を宿す蠟（ろう）に覆（おお）われた小さな虫
第9巻25章	ケルメスタマカイガラムシ	母親の体内で育つ幾千もの子供
第10巻1章	ミノタウロスセンチコガネ	とんでもなく深い巣穴

第10巻2章	ミノタウロスセンチコガネの巣穴	第一の観察装置
第10巻3章	ミノタウロスセンチコガネの子育て	第二の観察装置
第10巻4章	ミノタウロスセンチコガネの美徳	進化論は番（つがい）の役割分担を説明できるのか
第10巻5章	タマゾウムシ	食草（しょくそう）の実（み）から出て暮らすゾウムシ幼虫の例外
第10巻6章	ヒロムネウスバカミキリ	コッススの饗宴（きょうえん）
第10巻7章	ウシエンマコガネ	番（つがい）の絆（きずな）の強さ、弱さ
第10巻8章	ウシエンマコガネの幼虫と蛹（さなぎ）	蛹のときにはあって成虫になると消える角（つの）
第10巻9章	マツノヒゲコガネ	夏至の夜、松葉を齧（かじ）る美髯（びぜん）の伊達者（だてしゃ）
第10巻10章	キショウブサルゾウムシ	幼虫はどうしてキショウブしか食べないのか
第10巻11章	草食の虫たち	植物食の虫は決まった食物、肉食の虫は肉ならなんでも
第10巻12章	昆虫の矮小型（わいしょうがた）	幼虫時代の栄養状態と成虫になったときの大きさ
第10巻13章	昆虫の異常型	科学の地平にそびえる“杖”（リトウウス）
第10巻14章	キンイロオサムシ	“庭師”（ジャルディニエール）と呼ばれる虫の食物
第10巻15章	キンイロオサムシの結婚	捕食者の繁殖生態
第10巻16章	ミヤマクロバエの産卵	雌が卵を産みつける場所
第10巻17章	ミヤマクロバエの蛆虫（うじむし）	額（ひたい）の瘤（ヘルニア）で地中から脱出する新成虫
第10巻18章	コマユバチ	ハイイロニクバエの天敵
第10巻19章	幼年時代の思い出	ハシグロヒタキの青い卵
第10巻20章	昆虫ときのこ	虫が食べるきのこは安全なのか
第10巻21章	忘れられぬ授業	化学という学問の素晴らしさ
第10巻22章	応用化学	さあ働こう（ラボレームス）！
第10巻23章	ツチボタル	雌雄（しゆう）で異なる形態
第10巻24章	キャベツのアオムシ	栽培植物とチョウとその天敵

▼集英社版『完訳ファーブル昆虫記』。全10巻（各巻上下）20冊。

おわりに　小さな虫が教えてくれること

伊地知英信

ふつうの人は虫が嫌いだ。親戚のエビやカニは食材として身近な存在だが、虫が好きな人というのは、変わった人だとされる。人類全員が虫が好きになってほしいとは思わないが、無意味に恐れたり、意味もなく殺したりするのは残念なことだ。せめて無関心であってほしいと願う。虫が良いのは、どこにでもいることだ。翅《はね》が生えているものが多いので、少しでも自然が

▲荒地《アルマス》を散策するファーブル（ポール・ファーブル撮影）。

復活すれば移動してくる。大きさも手頃で観察しやすい。ファーブルのように身近な虫を長い時間をかけて観察するといろいろなことがわかってくる。それが楽しい。

私たちはファーブルの時代と違い、気になったことはすぐに調べることができる。たとえば本、そしてウェブサイトにある知識は、先人の積み上げてきた恩恵だ。それらを簡単に参照することができる。それでもなお、わからないことがある。虫一匹の一生ですら明らかになっていないことが多い。あまり役には立たないけれど、未解明な自然が身近にあるのは楽しいことだ。その最たるものが、我々の身近に生きている小さな虫たちで、そこから発見される大きな喜びが『昆虫記』には書きつくされている。

海野和男さんと、草下英明天文教室でご縁ができた、私の尊敬する編集者木谷東男さん、校閲の河野道子さん、そして奥本大三郎先生に感謝いたします。

◉主要参考文献

◆大杉榮ほか『昆蟲記』●１９３０〜34（叢文閣）
◆林達夫、山田吉彦訳『昆虫記』●１９３０〜42（岩波書店）
◆奥本大三郎『完訳ファーブル昆虫記』●２００５〜17（集英社）
◆津田正夫『ファーブル巡礼』●１９７６（朝日ソノラマ）
◆岩田久二雄『新・昆虫記』●１９８３（朝日新聞社）
◆G・V・ルグロ、平野威馬雄訳『ファーブルの生涯』●１９８８（ちくま文庫）
◆イヴ・ドランジュ、ベカエール直美訳『ファーブル伝』●１９９２（平凡社）
◆小西正泰『昆虫の本棚』●１９９９（八坂書房）
◆奥本大三郎『博物学の巨人アンリ・ファーブル』●１９９９（集英社）
◆松永俊男『ダーウィン前夜の進化論争』●２００５（名古屋大学出版会）
◆坂上昭一『ミツバチのたどったみち』●２００５（新思索社）
◆小西正泰『虫と人と本と』●２００７（創森社）
◆渡辺政隆『ダーウィン展（カタログ）』●２００８（国立科学博物館）

◉掲載写真

◆21頁（ファーブル肖像）、23頁（ファーブル肖像）、25頁（ファーブル肉筆原稿）は、小川隆一氏所蔵のものです。１４５頁の標本は、長瀬博彦氏提供によるものです。

◉海野和男　UNNO Kazuo

一九四七年東京生まれ。東京農工大学卒。昆虫写真家。『昆虫の擬態』（平凡社）で日本写真協会年度賞。『世界のカマキリ観察図鑑』『世界でいちばん変な虫　珍虫奇虫図鑑』『増補新版　世界で最も美しい蝶は何か』『蝶が来る庭』『ダマして生きのびる虫の擬態』（いずれも草思社）ほか多数。公式ウェブサイト「小諸日記」http://www.goo.ne.jp/green/life/unno/diary を運営。

◉伊地知英信　IJICHI Eishin

一九六一年東京生まれ。北里大学水産学部卒。自然科学書や博物館展示の編集者・ライター。自然観察のインタープリター。集英社版『完訳ファーブル昆虫記』10巻20冊の編集および脚注・訳注の執筆に関わる。『しもばしら』（岩崎書店）で第58回児童福祉文化賞など。日本の爪の会会員。

ISBN978-4-7942-2649-5 Printed in Japan 検印省略

書名　ファーブル昆虫記　誰も知らなかった楽しみ方

発行　二〇二三年六月七日　第一刷発行

著者（写真）　海野和男

著者（文）　伊地知英信

発行者　碇　高明

発行所　株式会社草思社
〒一六〇–〇〇二二
東京都新宿区一–一〇–一
電話　営業部　〇三–四五八〇–七六七六
　　　編集部　〇三–四五八〇–七六八〇

印刷製本所　シナノ印刷株式会社

装幀者　西山克之（ニシ工芸株式会社）

校閲者　河野道子

地図作成　千秋社